全国餐饮职业教育教学指导委员会重点课题“基于烹饪专业人才培养目标的中高职课程体系与教材开发研究”成果系列教材
餐饮职业教育创新技能型人才培养新形态一体化系列教材

总主编 ◎杨铭铎

中国烹饪概论

主　编　薛计勇　施忠贤　蔡　孱
副主编　朱　莉　王晶晶　吕　娟　蒋　玮
编　者　（按姓氏笔画排序）
王晶晶　吕　娟　朱　莉　杨　格
施忠贤　高　颖　蒋　玮　蔡　孱
薛　文　薛计勇

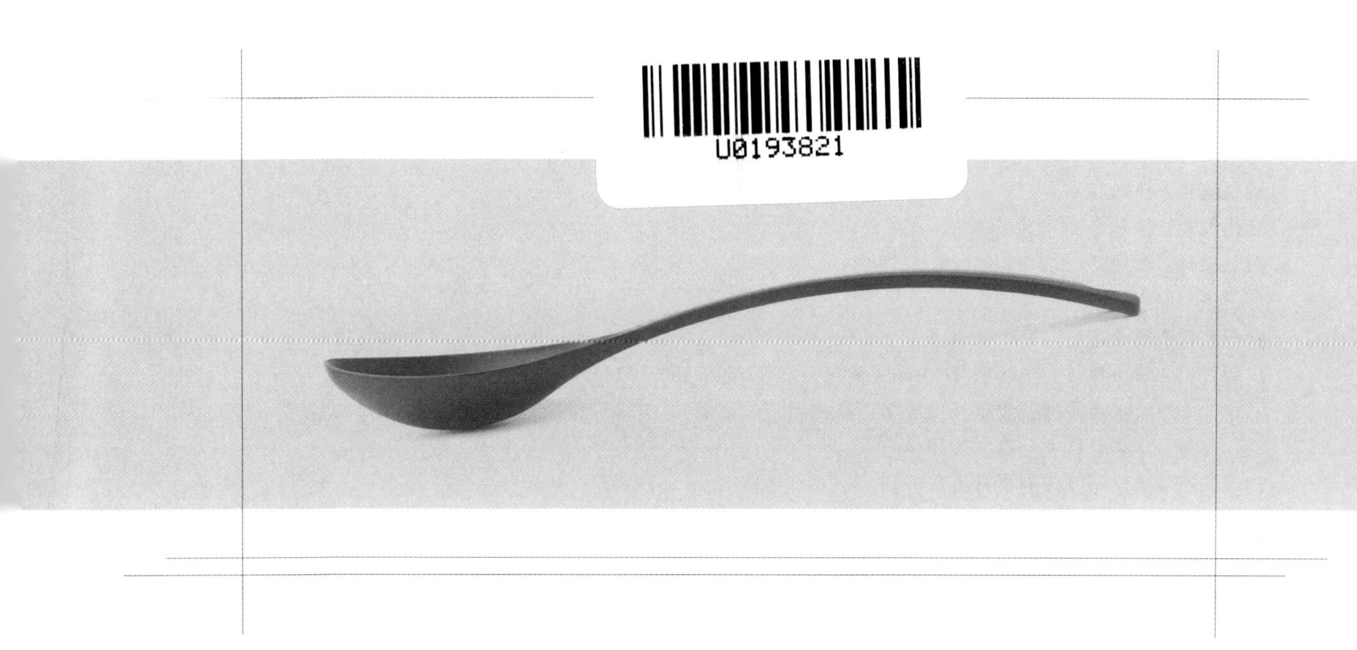

華中科技大學出版社
http://www.hustp.com
中国·武汉

内容提要

本书是全国餐饮职业教育教学指导委员会重点课题“基于烹饪专业人才培养目标的中高职课程体系与教材开发研究”成果系列教材、餐饮职业教育创新技能型人才培养新形态一体化系列教材之一。本书介绍中国烹饪的概念、起源和历史沿革，中国烹饪的工艺、风味流派，中国餐饮文化，中国烹饪的养生观、哲学观与美学观。

本书可供职业教育烹饪(餐饮)类专业学生使用，同时也可作为餐饮爱好者自学用书。

图书在版编目(CIP)数据

中国烹饪概论/薛计勇，施忠贤，蔡羼主编. —武汉：华中科技大学出版社，2021.8 (2023.8 重印)
ISBN 978-7-5680-7384-4

Ⅰ. ①中… Ⅱ. ①薛… ②施… ③蔡… Ⅲ. ①中式菜肴-烹饪-概论-职业教育-教材 Ⅳ. ①TS972.117

中国版本图书馆 CIP 数据核字(2021)第 151052 号

中国烹饪概论 薛计勇 施忠贤 蔡 羼 主编
Zhongguo Pengren Gailun

策划编辑：汪飒婷
责任编辑：孙基寿
封面设计：廖亚萍
责任校对：李 琴
责任监印：周治超
出版发行：华中科技大学出版社(中国·武汉) 电话：(027)81321913
武汉市东湖新技术开发区华工科技园 邮编：430223
录 排：华中科技大学惠友文印中心
印 刷：武汉科源印刷设计有限公司
开 本：889mm×1194mm 1/16
印 张：9
字 数：263 千字
版 次：2023 年 8 月第 1 版第 3 次印刷
定 价：38.00 元

全国餐饮职业教育教学指导委员会重点课题

"基于烹饪专业人才培养目标的中高职课程体系与教材开发研究"成果系列教材

餐饮职业教育创新技能型人才培养新形态一体化系列教材

丛书编审委员会

网络增值服务

使用说明

欢迎使用华中科技大学出版社医学资源网

教师使用流程

（1）**登录网址：http://yixue.hustp.com**（注册时请选择教师用户）

注册 → 登录 → 完善个人信息 → 等待审核

（2）**审核通过后，您可以在网站使用以下功能：**

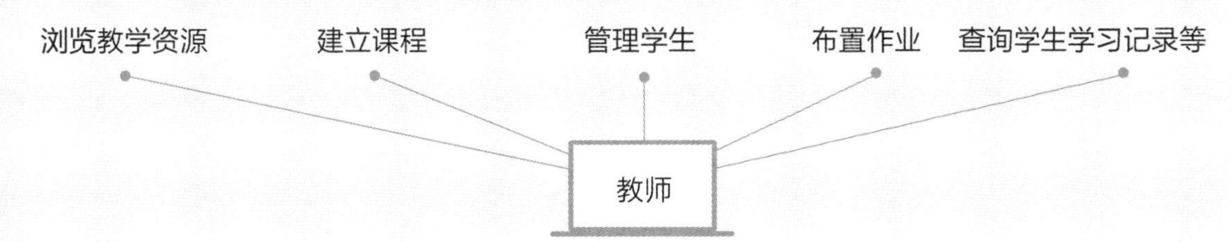

2 学员使用流程

（建议学员在PC端完成注册、登录、完善个人信息的操作）

（1）**PC端学员操作步骤**

①登录网址：http://yixue.hustp.com（注册时请选择普通用户）

注册 → 登录 → 完善个人信息

②查看课程资源：（如有学习码，请在"个人中心—学习码验证"中先通过验证，再进行操作）

选择课程

（2）**手机端扫码操作步骤**

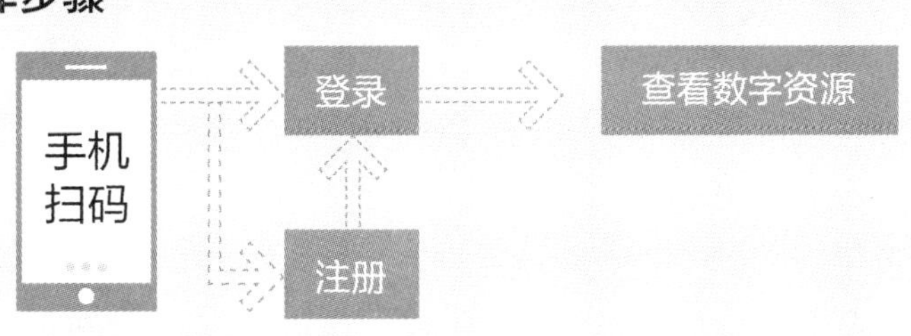

开展餐饮教学研究　加快餐饮人才培养

餐饮业是第三产业重要组成部分，改革开放40多年来，随着人们生活水平的提高，作为传统服务性行业，餐饮业对刺激消费需求、推动经济增长发挥了重要作用，在扩大内需、繁荣市场、吸纳就业和提高人民生活质量等方面都做出了积极贡献。就经济贡献而言，2018年，全国餐饮收入42716亿元，首次超过4万亿元，同比增长9.5%，餐饮市场增幅高于社会消费品零售总额增幅0.5个百分点；全国餐饮收入占社会消费品零售总额的比重持续上升，由上年的10.8%增至11.2%；对社会消费品零售总额增长贡献率为20.9%，比上年大幅上涨9.6个百分点；强劲拉动社会消费品零售总额增长了1.9个百分点。全面建成小康社会的号角已经吹响，作为人民基本需求的饮食生活，餐饮业的发展好坏，不仅关系到能否在扩内需、促消费、稳增长、惠民生方面发挥市场主体的重要作用，而且关系到能否满足人民对美好生活的向往、实现全面建成小康社会的目标。

一个产业的发展，离不开人才支撑。科教兴国、人才强国是我国发展的关键战略。餐饮业的发展同样需要科教兴业、人才强业。经过60多年特别是改革开放40多年来的大发展，目前烹饪教育在办学层次上形成了中职、高职、本科、硕士、博士五个办学层次；在办学类型上形成了烹饪职业技术教育、烹饪职业技术师范教育、烹饪学科教育三个办学类型；在学校设置上形成了中等职业学校、高等职业学校、高等师范院校、普通高等学校的办学格局。

我从全聚德董事长的岗位到担任中国烹饪协会会长、全国餐饮职业教育教学指导委员会主任委员后，更加关注烹饪教育。在到烹饪院校考察时发现，中职、高职、本科师范专业都开设了烹饪技术课，然而在烹饪教育内容上没有明显区别，层次界限模糊，中职、高职、本科烹饪课程设置重复，拉不开档次。各层次烹饪院校人才培养目标到底有哪些区别？在一次全国餐饮职业教育教学指导委员会和中国烹饪协会餐饮教育委员会的会议上，我向在我国从事餐饮烹饪教育时间很久的资深烹饪教育专家杨铭铎教授提出了这一问题。为此，杨铭铎教授研究之后写出了《不同层次烹饪专业培养目标分析》《我国现代烹饪教育体系的构建》，这两篇论文回答了我的问题。这两篇论文分别刊登在《美食研究》和《中国职业技术教育》上，并收录在中国烹饪协会主编的《中国餐饮产业发展报告》之中。我欣喜地看到，杨铭铎教授从烹饪专业属性、学科建设、课程结构、中高职衔接、课程体系、课程开发、校企合作、教师队伍建设等方面进行研究并提出了建设性意见，对烹饪教育发展具有重要指导意义。

杨铭铎教授不仅在理论上探讨烹饪教育问题，而且在实践上积极探索。2018年在全国餐饮职业教育教学指导委员会立项重点课题“基于烹饪专业人才培养目标的中高职课程体系与教材开发研究”(CYHZWZD201810)。该课题以培养目标为切入点，明晰烹饪专业人才培养规格；以职业技能为结合点，确保烹饪人才与社会职业有效对接；以课程体系为关键点，通过课程结构与课程标准精准实现培养目标；以教材开发为落脚点，开发教学过程与生产过程对接的、中高职衔接的两套烹饪专业课程系列教材。这一课题的创新点在于：研究与编写相结合，中职与高职相同步，学生用教材与教师用参考书相联系，资深餐饮专家领衔任总主编与全国排名前列的大学出版社相协作，编写出的中职、高职系列烹饪专业教材，解决了烹饪专业文化基础课程与职业技能课程脱节，专业理论课程设置重复，烹饪技能课交叉，职业技能倒挂，教材内容拉不开层次等问题，是国务院《国家职业教育改革实施方案》提出的完善教育教学相关标准中的持续更新并推进专业教学标准、课程标准建设和在职业院校落地实施这一要求在烹饪职业教育专业的具体举措。基于此，我代表中国烹饪协会、全国餐饮职业教育教学指导委员会向全国烹饪院校和餐饮行业推荐这两套烹饪专业教材。

习近平总书记在党的十九大报告中将“两个一百年”奋斗目标调整表述为：到建党一百年时，全面建成小康社会；到新中国成立一百年时，全面建成社会主义现代化强国。经济社会的发展，必然带来餐饮业的繁荣，迫切需要培养更多更优的餐饮烹饪人才，要求餐饮烹饪教育工作者提出更接地气的教研和科研成果。杨铭铎教授的研究成果，为中国烹饪技术教育研究开了个好头。让我们餐饮烹饪教育工作者与餐饮企业家携起手来，为培养千千万万优秀的烹饪人才、推动餐饮业又好又快地发展，为把我国建成富强、民主、文明、和谐、美丽的社会主义现代化强国增添力量。

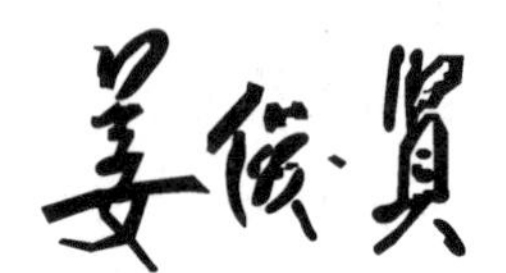

全国餐饮职业教育教学指导委员会主任委员

中国烹饪协会会长

《国家中长期教育改革和发展规划纲要(2010—2020年)》及《国务院办公厅关于深化产教融合的若干意见(国办发〔2017〕95号)》等文件指出:职业教育到2020年要形成适应经济发展方式的转变和产业结构调整的要求,体现终身教育理念,中等和高等职业教育协调发展的现代教育体系,满足经济社会对高素质劳动者和技能型人才的需要。2019年初,国务院印发的《国家职业教育改革实施方案》中更是明确提出了提高中等职业教育发展水平、推进高等职业教育高质量发展的要求及完善高层次应用型人才培养体系的要求;为了适应"互联网+职业教育"发展需求,运用现代信息技术改进教学方式方法,对教学教材的信息化建设应配套开发信息化资源。

随着社会经济的迅速发展和国际化交流的逐渐深入,烹饪行业面临新的挑战和机遇,这就对新时代烹饪职业教育提出了新的要求。为了促进教育链、人才链与产业链、创新链有机衔接,加强技术技能积累,以增强学生核心素养、技术技能水平和可持续发展能力为重点,对接最新行业、职业标准和岗位规范,优化专业课程结构,适应信息技术发展和产业升级情况,更新教学内容,在基于全国餐饮职业教育教学指导委员会2018年度重点课题"基于烹饪专业人才培养目标的中高职课程体系与教材开发研究"(CYHZWZD201810)的基础上,华中科技大学出版社在全国餐饮职业教育教学指导委员会副主任委员杨铭铎教授的指导下,在认真、广泛调研和专家推荐的基础上,组织了全国90余所烹饪专业院校及单位,遴选了近300位经验丰富的教师和优秀行业、企业人才,共同编写了本套全国餐饮职业教育教学指导委员会重点课题"基于烹饪专业人才培养目标的中高职课程体系与教材开发研究"成果系列教材、餐饮职业教育创新技能型人才培养新形态一体化系列教材。

本套教材力争契合烹饪专业人才培养的灵活性、适应性和针对性,符合岗位对烹饪专业人才知识、技能、能力和素质的需求。本套教材有以下编写特点:

1. 权威指导,基于科研　本套教材以全国餐饮职业教育教学指导委员会的重点课题为基础,由国内餐饮职业教育教学和实践经验丰富的专家指导,将研究成果适度、合理落脚于教材中。

2. 理实一体,强化技能　遵循以工作过程为导向的原则,明确工作任务,并在此基础上将与技能和工作任务集成的理论知识加以融合,使得学生在实际工作环境中,将知识和技能协调配合。

3. 贴近岗位,注重实践　按照现代烹饪岗位的能力要求,对接现代烹饪行业和企业的职业技能标准，将学历证书和若干职业技能等级证书（“1＋X”证书）内容相结合，融入新技术、新工艺、新规范、新要求，培养职业素养、专业知识和职业技能，提高学生应对实际工作的能力。

4.编排新颖，版式灵活　注重教材表现形式的新颖性，文字叙述符合行业习惯，表达力求通俗、易懂，版面编排力求图文并茂、版式灵活，以激发学生的学习兴趣。

5.纸质数字，融合发展　在媒体融合发展的新形势下，将传统纸质教材和我社数字资源平台融合，开发信息化资源，打造成一套纸数融合的新形态一体化教材。

本系列教材得到了全国餐饮职业教育教学指导委员会和各院校、企业的大力支持和高度关注，它将为新时期餐饮职业教育做出应有的贡献，具有推动烹饪职业教育教学改革的实践价值。我们衷心希望本套教材能在相关课程的教学中发挥积极作用，并得到广大读者的青睐。我们也相信本套教材在使用过程中，通过教学实践的检验和实际问题的解决，能不断得到改进、完善和提高。

烹饪除了是一种技术之外，它还是一门艺术、一种文化。烹饪在人类生活中所起的作用，除了提供健康膳食之外，还建立了饮食文化，具有促进群体聚集和群体合作的功能。从人类发展史的角度观察，烹饪无小事：火的发明、盐的应用、香料的贸易都足以撼动世界，甚至改变历史的走向与进程。中国烹饪文化的建立，是中华民族从蒙昧野蛮进入开化文明的界碑，是“原始人”向“现代人”进化的阶梯。

职业教育必须基于对教育功能定位的深刻认识和对人才培养目标内涵的深刻理解。现代烹饪职业教育的关键点应该体现在“人文性”与“职业性”两个属性上。烹饪教学在以职业实践为主体组织教学内容的同时，不应忽视社会对烹饪高级人才而非普通服务人员的迫切需求，不应让烹饪教学失去其高等脑力开发的特色。其实，现代科技的高速发展早已对传统烹饪职业教育的培养模式造成了致命冲击。新的食品工业、新的机器设备正在部分或全面取代人的劳动，烹饪职业学校以操作技能为核心所培养出的学生正越来越不能满足时代对烹饪人才的需求。因为时代需要的是能够推陈出新，建立新的饮食文明的烹饪人才，而不是只会简单模仿传统技艺、随时随地都会被机器取而代之的“动手派”。因此，必须赋予《中国烹饪概论》在现代中式烹饪教育中新的定位，使烹饪职业教育的核心思想回归到学术性与人本性，实现新一代烹饪师的全面发展和可持续发展。

对学习中式烹饪的学生来说，若想立志于建立新的饮食文明，了解中国烹饪饮食文化在长期发展过程中所形成的独具一格的烹调技艺与富有风格传统的饮食风貌是必需的。中国烹饪在其近万年发展历程中所留下的典籍、著述、食谱、菜品、礼俗、文物、语汇、掌故和文艺作品等既是珍贵的文化遗产，也是中式烹饪职业教育所应坚持的基本要素。本书共7章。第一章“中国烹饪的概念与起源”主要是为了让学生了解烹饪在人类生活中最基本的意义和作用，并对中国烹饪的诸多文化成就有一个总体认识；第二章“中国烹饪的历史沿革”概括了中国烹饪在其历史形成阶段、历史发展阶段、历史成熟阶段和近现代所取得的重大成就；第三章“中国烹饪的工艺”介绍了中国烹饪工艺的基本特点，并适度展开了原料预处理工艺、混合工艺、优化工艺、制熟工艺等；第四章“中国烹饪的风味流派”，从历史发展、文化积淀和风味特征的角度归纳了中式烹饪的四大菜系和其他有影响的地方菜及面点小吃流派等；第五章“中国餐饮文化”，重点展现了中国餐饮文化所体现的复杂政治内涵和文化性，并创新性地提出了近现代中国餐饮文化随外来风格的变迁；第六章“中国烹饪的养生观”，用天人合一的生态观念、食治养生的营养观念和五味调和的美食观念诠释了中式烹饪的科学性精髓，期待学生能将食治养生的理念应用到以后的烹饪实践中；第七章“中国烹饪的哲学观与美学观”，用先哲的“中和”学说概括了中式烹饪的基本审美特征，并对中国烹饪饮食的象征性及其具有的社会功能进行了基础性介绍。

本书第一章由中华职业学校薛计勇、澳门科技大学社会和文化研究所杨格编写，第二章由中华职业学校吕娟编写，第三章由中华职业学校王晶晶编写，第四章由中华职业学校朱莉编写，第五章由中华职业学校蒋玮编写，第六章由武汉市第一商业学校蔡羃、上海建桥学院薛文编写，第七章由西安商贸旅游技师学院施忠贤、海南省商业学校高颖编写。

本书的编写得到了行业专家的指导和大力支持，潘宏亮（北京市工贸技师学院中餐烹饪高级教师）、侯德成（北京市商业学校西餐烹饪高级教师）、马翀（沈阳市外事服务学校中餐烹饪高级技师）、赵福振（海南经贸职业技术学院副教授）等专家为本书提供了烹调理论、技术指导和教学建议，在此表示衷心感谢。

由于编写时间仓促，编者水平有限，书中难免出现错误及不足之处，敬请各位专家同行及广大读者批评指正。

编　者

目录

第一章

中国烹饪的概念与起源

导学

烹饪除了是一种技术之外，还是一门艺术、一种文化。烹饪是指对食物原料进行合理选择调配，加工治净，加热调味，使之成为人们乐于接受的饭食菜品。烹饪的革命源于火的发现。用火烹饪熟制食物是人类有史以来破天荒的科学革命和社会革命。

扫码看课件

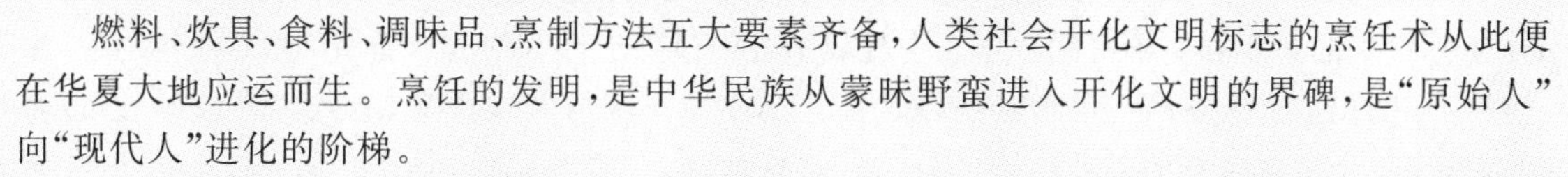

燃料、炊具、食料、调味品、烹制方法五大要素齐备，人类社会开化文明标志的烹饪术从此便在华夏大地应运而生。烹饪的发明，是中华民族从蒙昧野蛮进入开化文明的界碑，是“原始人”向“现代人”进化的阶梯。

中国烹饪近万年发展历程中留下的典籍、著述、食谱、菜品、礼俗、文物、语汇、掌故和文艺作品都是珍贵的文化遗产，它们共同构成了中国烹饪文化的基本要素。中国烹饪文化在长期发展过程中，形成了自己独具一格的烹调技艺与富有民族风格传统的饮食风貌。中国烹饪主要存在三大特征：一是菜式繁复；二是常变常新；三是与健康密切相关。

中国烹饪从古至今都具有崇高的地位及深远的影响。中国烹饪于汉唐时传入日本，宋元时传入欧洲，明清时传入美洲和非洲。现今世界食用中餐的有约 18 亿人。

第一节 烹饪的概念与起源

学习目标

1. 熟悉烹饪的概念，了解烹饪在人类生活中最基本的意义和作用。
2. 理解调味对食物的改造作用。
3. 能够分析用火烹饪熟制食物是人类有史以来破天荒的科学革命和社会革命。

一、什么是烹饪

“烹”是煮的意思，“饪”是制熟的意思。所以，狭义地说，烹饪是对食物原料进行热加工，将生的食物原料加工成熟食品。但是，在世界范围内，很多地方的菜系，都有形成体系的生食调制，因此烹饪这个中文词汇不得不变更其本意，形成广义的说法，即指对食物原料进行合理选择调配，加工治净，加热调味，使之成为人们乐于接受的饭食菜品。

有些人硬把烹饪和烹调说成是两个不同的概念，认为从字面上来理解，烹饪仅仅是加热至熟，而烹调则有烹饪之后调味的意思。其实，就中文而言“烹”“饪”“调”三个字各有明确的含义，但这几个字任意组合之后就有了更广泛的含义，因为烹饪不一定就是熟制的过程，烹饪摆脱不了调味，调味亦非烹饪的后道工序，另外水、火甚至空气都有调味的作用。

烹饪除了是一种技术之外，还是一门艺术、一种文化。烹饪在人类生活中最起码具有如下意义或作用：①烹饪过的食物可以对肠胃形成良性刺激，促进消化液的分泌而增强消化能力；②烹饪倡导健康安全，保证饮食的卫生需求；③烹饪的目的是提供色、形、味兼美的膳食，满足人们对食品的审美需求；④烹饪可以建立饮食文化，促进群体聚集和群体合作。

二、调味先于火的地位

调味除了可以烘托食物本身的味道，还有迷惑虚饰的重要作用。火可以让进食者几乎认不出它们的原始状态，而调味可能早在人类学会用火烹饪之前，就已经被应用于遮蔽食物，特别是荤腥类食物中的不良气味，让人类的进食行为与其他动物有所区分。广义地讲，水和空气都是调味品。把食物放在水中漂洗一下，其实也是在加工处理食物。用空气来处理食物，被称为熟成，现在仍然被广泛应用于牛肉、奶酪的生产加工。牛肉熟成就是在保持牛肉新鲜质地的基础上，通过微生物的轻度发酵，赋予其更好的肉质和更丰富的滋味。牛乳或羊乳经过熟成即为奶酪。公元前2000年前后，采用凝乳酶制作的奶酪首次在阿拉伯地区出现。商人用牛或羊的胃制成水壶，灌入牛乳或羊乳，以备沙漠行程饮用。牛羊胃残存的凝乳酶、沙漠高温、路途颠簸，三者共同作用后使得液态乳凝固，成为奶酪。利用凝乳酶加工牛乳和羊乳，使其在保存过程中产生熟成的效果，风味更胜一筹。调味（发酵）之于乳品，简直就像炼金术，使液体变成固体，使乳白色变成金黄色。

人们一旦把调味品加入食物，便开始改造食物。把食物用盐腌很久，就像加热和烟熏一样，也会将食物转化。从某种意义上来讲，调味对食物的改造甚于火。在人类发现用火烧烤食物之前，生活在海边的猿人一定会率先发现肉类食物或其他食物经海水漂洗后，海水中的盐分会让食物变得较为可口。

早期人类为了维持健康，从植物中摄取钾，从动物的肉和血液中摄取钠，钾和钠的摄取被天然地保持在一定的平衡状态。但是随着农业的出现，人们过度食用谷物类粮食，摄取了大量的钾，导致体内钾浓度增高，而钠被身体大量流失。因此农业社会的人们需要摄取食盐来补充身体需要的钠。于是，食盐的分配成为人类社会中的一项重要任务。在漫长的世界史上，因食盐缺失丢掉性命的平民不在少数。可见味觉是建立在生理需求上的，调味实在是一件性命攸关的事情。

三、烹饪的革命源于火的发现

有几种不同于用火加工食物的古老发明：比如把柠檬汁挤在牡蛎上，可以使牡蛎的质地、口感和味道产生变化；把食物腌很久，就和加热或烟熏一样，也会转化食物；把肉吊挂起来使其腐臭（熟成）或风干，是现在仍被广泛使用的肉类食物加工法，其目的是改良肉的质地，使之易于消化或产生风味；有些游牧民族发明出了把肉块压在马鞍底下使肉焖热焖烂而食用的方法；搅拌牛奶可以制作奶油，使其由液体变成固体；发酵法则更为神奇，它可将乏味的主食化为琼浆玉液般的酒，让人喝了以后改变言行举止，摆脱压制，激发灵感。凡此种种转化食物的方法都是那么令人称奇，那么，为什么生火熟制这件事显得不同凡响呢？

中国人传统上把野蛮部落依据其开化的程度区分为“生番”和“熟番”，所谓开化就是从蒙昧状态进入文明状态。这两个词汇，有着显而易见的烹饪的关联性，生食者即为“生番”，熟食者即为“熟番”。那些没有受汉族影响的未开化的番人被称为“生番”，那些受汉族影响数百年已经开化的番人则被称为“熟番”。西方主流社会在对世人进行分类时也有类似心态，西方古典文学总是把好吃生肉和蛮荒、嗜血以及邪恶画上等号。

虽然人类何时开始用火烹饪我们不得而知，但我们却可以肯定，用火烹饪熟制食物是人类有史以来破天荒的科学革命和社会革命。

四、烹饪的科学革命

人类经由实验和观察，发现烹饪能造成生化性质的变化，改变味道，使食物易于消化。肉是人体最好的蛋白质来源，只是生肉实在含有太多纤维，也太强韧。烧煮可以使得肌肉纤维中的蛋白质变性，使胶原变成凝胶状。如果是直接用火烧烤，那么在肉汁逐渐浓缩时，肉的表面就会历经类似"焦糖化"的过程，因为蛋白质受热会凝结，蛋白质链中的氨基酸和脂肪中含有的天然糖分，就会产生美拉德反应(焦糖化反应)。淀粉是大多数人热量的来源。热度能够分解淀粉，释放一切淀粉中含有的糖分。另外，直接用火烧能将淀粉中含有的糊精烧成棕色，这是代表食物已经制熟的颜色。

烹饪除了能使食物更易摄取外，还能消灭某些潜在食物中的毒素。对人类而言，这项可化毒为食的魔术尤其可贵，因为人类可以储存这些含有毒素的食物，不必害怕别的动物来抢，等到人类自己要食用前再加热消毒即可。比如，被古代亚马逊人当成主食的苦味木薯是制作木薯粉的常见原料，含有氢氰酸，只要一餐的分量就可以把人毒死，但是苦味木薯经捣烂或磨碎、浸泡在水中并加热等烹调程序处理以后，毒素就会被分解。烹饪还能消灭大多数害虫。猪肉中常含有一种寄生虫，人吃下去后会得旋毛虫病，但加热制熟后再食用就会变得安然无虞。另外，以大火将食物彻底煮熟可以杀死沙门氏菌，高热则可杀死李斯特菌。

五、烹饪的社会革命

人类一旦学会掌控火，火就必然会把人群结合起来，因为生火护火需要群策群力。我们或可推测，早在人们用火烹饪以前，火或许早已成为社群的焦点，因为火还具有别的功能:火提供了光和温暖，保护人们不受害虫、野兽的侵扰。而烹饪让火又多了一项功能，它使进食成为众人定时定点的共同运动。用火烹饪赋予食物更大价值，这使得进食不再是吃东西那么简单，它开辟了社交行为的可能性。从此以后，烹饪除了进食以外，还可以变成和祭祀、仪式、政治有关的活动，将彼此竞争的个体转化为社群、族群。烹饪给人类带来了新的特殊功能、有福同享的乐趣以及责任。它比单单只是聚在一起吃东西更有创造力，更能促进社会关系的建立。烹饪甚至可以取代一起进食这个行为，成为

促使社会结合的仪式。

火不只能烧煮，它还能把物质形式带进人类的节庆。烹饪改变了社会。生的食物一旦被煮熟，文化就从此时此地开始。人们围坐在营火旁吃东西，有营火的地方遂成为人们交流、聚会的地方。人们在果腹之余，希望这种美好生活得以持续，开始对神灵有所祈求，愿意拿出自己最好的东西祭献，以博得神灵的欢心，于是祭祀应运而生。

古代中国人烹煮用的鼎起源甚早，为饪食器的一种，有烹肉煮食、祭祀和飨宴等多种用途，但它多数不是直接的烹煮器，而是礼器中的主要食器。传说夏禹曾收九牧之金铸九鼎于荆山之下，以象征九州，并在上面镌刻魑魅魍魉的图形，让人们警惕，防止被其伤害。自从有了禹铸九鼎的传说，鼎就从一般的炊器发展为传国重器，国灭则鼎迁。夏朝灭，商朝兴，九鼎迁于商都亳京；商朝灭，周朝兴，九鼎又迁于周都镐京。历商至周，都把定都或建立王朝称为“定鼎”。鼎被视为传国重器，是政权的象征。“鼎”字也被赋予“显赫”“尊贵”“盛大”等引申意义，如一言九鼎、大名鼎鼎、鼎盛时期、鼎力相助等。

在中华文化圈，仪式性餐食成为评量人生的尺度。有新生命诞生时，邻居亲友会赠送红色的饭或加了红豆的白饭作为贺礼；小孩满月或满周岁时，做父母的要摆酒宴请亲朋好友；新屋落成时，则得宴请邻居；另外还有红白喜事等各种仪式性的餐食活动。在古代中国的宴会上，人们在餐食之余互相交换诗作、文章或乐谱；餐桌上座位的排放要体现宾客的身份地位；夹菜或敬酒要按尊卑、讲顺序。

第二节 中国烹饪的起源

学习目标

1. 熟悉中华饮食文明诞生三部曲。
2. 理解中国烹饪诞生标志的两种不同说法及原因。

一、中华饮食文明诞生三部曲

自从人类出现以来，饮食，这种人类机体与其生存环境进行基本物质交换的生活现象也就产生了。人类的饮食文明，大体上经历过生食、熟食与烹饪三个阶段。

中华民族饮食文明从元谋人开始，已有170万年历史。其生食、熟食、烹饪三阶段的划分，基本上是以50多万年前北京人学会用火，以及1万年前发明陶器和用盐作为界标。换句话说，中华民族的生食阶段有120多万年，熟食阶段有50多万年，烹饪阶段约有1万年。

170万年前，中国境内出现了最早的直立人群——元谋人。元谋人和60多万年前出现的蓝田人、50多万年前出现的北京人，在考古学上统称为"猿人"。他们的生活状况基本是：数十人群居于洞穴中或树干上，利用简陋的石器或木棍集体捕猎野兽，共同采集植物的块根或籽实，平均分配食物；饮食方式是"茹毛饮血""活剥生吞"。这便是中国饮馔史上的"生食"阶段。

在50多万年前，先民学会了用火。熟食阶段的用火，主要表现在利用自然火、保存与传播火种、人工取火三个方面。这时候的制熟食物的方法增多了：有的直接在火上烤；有的焐在热火灰中烤；有的包了草叶和稀泥再烤；有的是烧烫石板后烤；有的是将食物和水置于小洞穴中，不断投入滚烫的石子提高水温，促使食物成熟；还有的是利用晒得发烫的砂石"焐"熟食物。对此，烹饪界一律名之曰"火炙石燔"。

中国社会进入距今1万年左右的旧石器时代晚期，生产力已有一定程度的发展。氏族公社形成后，随之出现小的聚居点和商品原始交换活动。这一切又为烹饪术的诞生准备了社会条件。特别是出现了适用的刮削器、雕刻器、打磨的石刀与骨锥，有利于对动物体的分割；发明了摩擦生火，有利于火的利用；学会了烧制瓦陶，有利于食物的烹煮；发现了盐以及梅子、苦果、野蜜和香草，有利于改善食物的滋味。从此之后"烹饪之道"才基本齐备。

二、中国烹饪诞生的标志

中国烹饪诞生的标志，目前有两种说法：一种是学会用火进行熟食，即火烹，距今50多万年；另一种是发明陶器并用盐调味，即水烹，距今约1万年。前者写进《中国烹饪百科全书》，算是比较权威的说法。但也有很多研究者认为最早的烹饪术，应当是在"火炙石燔"基础上发展而成的"水烹"。因为只有在"水烹"中，燃料、炊具、食料、调味品、烹制方法这五大要素才能初步结合，符合《周易》对"烹饪"词义的解说。又由于燃料和食料在熟食阶段已经出现，故烹饪术诞生的触媒，应是盐的使用、陶器的发明以及连带产生的烹制方法。

中国烹饪发明时间为什么只能推断在1万年前左右呢？这取决于调味品和炊具这两个必备要素的成熟情况。

盐作为自然界的一种天然物质，尽管在人类出现之前就存在，但是人类发现它的价值，并用于饮食，却有一个实践与认识的过程。一方面，盐的品尝、收集或制取，必须不断尝试，盐只能在出盐的海滨或内陆的盐碱滩上出现；另一方面，盐作为原始商品，运输交换，只能是在1万年前原始社会末期。《世本》记载："黄帝臣，夙沙氏煮海为盐。"中华民族的先祖——黄帝，生活在以农耕为主要食物来源的陶烹（即水烹）时代。黄帝的大臣——夙沙氏，是中国东部沿海的古老部族领袖，他们世代接触海水潮汐在沙滩上留下的盐层，知其味而用之，并逐步学会晒海水为盐。另外，在仰韶文化遗址中，已发现用外涂蛎泥的"竹釜"作锅、以海水煮盐的实物。盐不仅是一种基本调味品，带有咸味，而且它与蛋白质的结构单位氨基酸结合还能生成氨基酸钠，带来鲜味。

在陶器问世之前，先民进行熟食，只能靠几根支撑的树枝或者是一片较薄的石板，那是不能称为炊具的。只有出现陶器后，食物才能放在一定形状的容器内添水加盐煮烹，完全成熟。陶器的发明与用火有关。先民学会用火之后，为了保存火种和取暖照明，常在洞穴的泥地上挖一个方方的深火塘，长年架柴燃烧。久之，火塘四周的泥土发生变性，异常坚硬。有时孩子出于游戏，用水和泥，捏成一些物件放在火中焚烧，经过一段时日，便成为原始的瓦陶制品。其中有些制品呈筒罐状，盛水后不泄漏，先民便尝试着用它烹煮，结果能制出比较软烂的食物。这种无意识的发明出现后，就成了有意识的创造，于是各种形式的杯、盘、碗、钵，便陆续成为先民的财富。陶器的出现，是人类向自然界作

斗争中的一项划时代的发明创造，它标志着人类发展史从此进入新石器时代。也就是说，距今1万年左右，人类逐步有了罐、盆等陶质炊具，熟食方法才产生了新的变革。一切烹调技术，只有在炊具诞生之后才能获得发展，从而使人类饮食状况获得最根本的改善。

有了盐等调味品，有了陶器，随之也就有了相应的烹调方法——水烹和汽烹。前者以水作传热介质，在陶罐中进行，包括煮、熬、焖、煨；后者以蒸汽作传热介质，在陶甑中进行。

至此，烹饪中五大要素基本齐备，人类社会开化文明标志的烹饪术便在华夏大地应运而生。烹饪的发明，是中华民族从蒙昧野蛮进入开化文明的界碑，是“原始人”向“现代人”进化的阶梯。

第三节 中国烹饪的文明地位

学习目标

1. 能列举中国烹饪的诸多文化成就。
2. 了解古代、近代中国烹饪对世界饮食文化的影响。
3. 清楚中国烹饪主要存在的三大特征。

一、中国烹饪的诸多文化成就

在中国烹饪近万年的发展历程中，留下了许多典籍、著述、食谱、菜品、礼俗、文物、语汇、掌故和文艺作品。这些都是珍贵的文化遗产，构成了中国烹饪文化的基本要素。

（一）烹饪典籍和涉馔著述

中国烹饪典籍和涉馔著述丰富，有食饮方面的专著，也有经史方志、农书医籍中的部分章节。其中，独立成书的约300种，不下300万言。至于涉馔著述中的零散记载，如果汇集起来，篇幅则更大。从内容上区分，它们大体包括烹调原料、菜谱食经、食疗方剂、饮食市场四类。

烹调原料方面：大田作物类有宋代曾安止的《禾谱》和明代徐光启的《甘薯疏》；茶酒类有唐代陆羽的《茶经》和宋代苏轼的《酒经》；果蔬类有宋代陈仁玉的《菌谱》和明代王世懋的《瓜蔬疏》；禽兽类有晋代张华所注的师旷撰《禽经》和清代张万钟的《鸽经》；水鲜类有宋代傅肱的《蟹谱》和清代陈鉴的《江南鱼鲜品》等。

菜谱食经方面：突出的有贾思勰的《齐民要术》（第63～89篇）、林洪的《山家清供》、佚名的《居家必用事类全集》、宋诩的《宋氏养生部》、袁枚的《随园食单》、佚名的《调鼎集》、徐珂的《清稗类钞·饮食》和薛宝辰的《素食说略》。

食疗方剂方面：大多集中在孙思邈的《备急千金要方·食治》、孟诜的《食疗本草》、陈直的《奉亲养老新书》、忽思慧的《饮膳正要》、贾铭的《饮食须知》、卢和的《食物本草》、李时珍的《本草纲目》和王世雄的《随息居饮食谱》等书中。

饮食市场方面：影响大的有《酉阳杂俎》《东京梦华录》《梦粱录》《辍耕录》《帝京景物略》《扬州画舫录》《成都通览》《广东新语》等。

（二）膳补食疗学说

中国有“医食同源”的传统，将烹饪与医药密切关联。因此，健身益寿的膳补食疗学说，也是中国烹饪文化的基石之一。这主要表现在：古代医家创立了营养保健和饮膳疗疾理论，树立了“食饮必稽于本草”的思想；古代医籍在论述病因、方剂和防病措施时，常从“力戒偏嗜”“调味禁忌”或“食物中

毒”的角度，评价饮膳配伍的得失，编出不少保健食谱；中医药物学重视动植物药理性能的研究，总结出一套炮制药物的经验，并将药物炮制法用于烹饪，使一些苦涩的汤剂转化为鲜香的菜肴；不少医家直接“介入”烹饪，他们谈食论菜，编制食单，使食医结合更为紧密；古代医书关于饮食卫生的许多观点（如饮食有节、餐必定时、食物利害、食物相反、慎用补品、厨房洁净等），常被作为行厨准则。

（三）烹饪文物

中国古代烹饪文物主要包括如下五类。

第一类是古代菜点实物，如随州曾侯乙墓保存的战国初年“烤鲫鱼”残骸，长沙马王堆汉墓出土的近百件食品残迹。

第二类是古代炊饮器皿，如夏代蛋壳陶酒具、商代司母戊大方鼎、南北朝髹漆鸳鸯盒、唐宋钧窑器、元代玉酒海（用巨大的玉石雕成的酒器，可盛酒数百公斤乃至上千公斤）等。

第三类是古代饮馔书画，如《韩熙载夜宴图》《重华宫小宴图》《文会图》等。

第四类是庖厨画像砖石，以汉魏和辽宋时期为多，有屠牛图、烫洗鸡鸭图、揉面图和厨娘像等。

第五类是庖厨陶塑木俑，在山东章丘、安徽亳州等地均有发现。

（四）酒规席礼和饮食民俗

酒规，主要指酒令，这是古代宴会上佐酒助兴的词令或游戏，有 2600 余年历史，留下 10 多部专著，如《觞政》《令仪》《酒令丛钞》等。

茶会，包括品茗清谈的“茶话”，茶点待客的“茶宴”，茶友定期聚会的“汤社”，配备茶果的“茗饮”等。

席礼，主要指有关饮宴的礼仪制度以及接待规程。周公制礼作乐，定下明确规定。后世王朝，也有专司其职的官员。

食俗，指有关食物和饮料，在筛选、加工、烹调和食用过程中形成的风俗习惯及礼仪常规。

（五）饮馔对文学的贡献

饮馔不仅形成大量与饮馔有关的成语、谚语，而且充实了极多的文艺作品。《诗经》《楚辞》《汉赋》《唐诗》《宋词》《元曲》，都用大量篇幅描绘过饮馔。《红楼梦》写官府饮食，《金瓶梅》写商贾饮食，《西游记》写异域饮食，《水浒传》写绿林饮食，《三国演义》写军旅饮食，《儒林外史》写文士饮食，等等。

司马相如、曹操、曹植、陶渊明、杜甫、苏轼、陆游、袁枚、曹雪芹等文坛巨匠都有司厨体验或名菜传世。他们用文学笔法写燕饮，以鉴赏眼光评美食。

（六）涉馔的人文掌故

涉馔的人文掌故集中在《幼学故事琼林》《古今图书集成·食货典》等书中。一类是见诸史籍的饮食故事，多有真名真姓，大都可信。如“莼鲈之思”“望梅止渴”“以书换鹅”“划粥而食”。另一类是民间流传的菜名沿革，它往往与名人逸闻联系在一起，故事编得生动有趣，如“东坡肉”“鲃肺汤”“油炸桧”“太爷鸡”等。

二、中国烹饪饮食文化对世界的影响

中国烹饪文化和饮食文化是在中国传统文化背景下产生的。

中国文化也称“中华文化”，它是以人为中心的天、地、人“三才文化”。在三才文化中，先民将人置于天地中心位置，其基本文化精神是注重整体思维，讲求平衡和谐，崇尚群体利益，自强不息，开放兼容，因此它具有强大的生命力、创造力和凝聚力。

从烹饪文化与饮食文化的性质、关系看，前者是生产文化，后者是消费文化，饮食文化是由烹饪文化派生出来的。

中国烹饪饮食文化在长期发展过程中，形成了自己独具一格的烹调技艺与富有民族风格传统的饮食风貌。早在中国古代，人们即已讲究鸣钟列鼎而食，在吃的方面，已将人类的物质文明与精神文明巧妙地融合在一起，已将美学引入人们的饮食生活中，形成了独特的饮食文明。不但在烹调技艺方面，讲究变幻多端，能因人、因地、因时、因事而制宜，做出色、香、味、形及品种多样的各种脍炙人口、耐人寻味的美食来，而且对于吃饭、做饭用的各种饮食烹饪器具，提出了造型精美、质地上乘、典雅别致、卫生实用等要求。

在中国用餐，讲究美食配美器，并佐以抑扬顿挫、入耳动听的优美音乐，使人们就餐时既能获得生理上的极大满足，又能陶醉于美的精神享受之中。如此高雅的饮食情趣，又怎不令人赞美其为“烹饪王国”呢？

中国烹饪从古至今都具有崇高的地位及深远的影响。

（一）古代、近代中国烹饪对世界饮食文化的影响

千百年来在中国与世界各国的政治、文化、经济的历史交流中，中国烹饪文化无不与其关系密切，早在公元前1600年，在中国的夏、商之时，这种交往便开始了。

张骞先后两次奉汉武帝之命出使西域，前后达十几年之久，了解到了西域的地理、物产和生活情况，沟通了汉朝与西域的交流，汉使把中华先进科技及饮食文化传到西域，同时把西域的农作物（如苜蓿、核桃、胡萝卜等）引入长安，无形之中形成了政治、经济及饮食文化的交流与促进。

唐朝著名高僧鉴真应日本之邀，出生入死6次东渡日本，在日本留居10年，在传播唐朝文化及佛学的同时，带去了中国饮食文化，传说日本的豆腐制作及豆制品就是当时鉴真传到日本的。

意大利人马可·波罗对中国面条有着浓厚兴趣，不但吃得津津有味，而且把学到的手工制作方法带回他的祖国，成为“洋为中用”。他在记述东方见闻的《马可·波罗游记》一书中，描述了中国的繁华景象。

明朝前期，为了加强同海外各国的联系，明成祖派遣郑和出使西洋。郑和 7 次航海，出行亚非 30 多个国家和地区，随行人数众多，与各国进行政治、经济的交流以及烹饪文化的交流与传播。

近代西方游人赫氏，在清朝道光年间，曾潜行中国各地且到达西藏，在其所著的游记中称道：中国之文明者不一端，而尤以中国调味为世界之冠。清末海外盛传中国饮食之风的原因在于“中国烹调法之精良，非欧美所可并驾……”。

现在国外粽子、杂烩、豆腐、面条等都带有中国烹饪的痕迹，说明中国烹饪文化对世界饮食文化影响深远。

中国烹饪于汉唐时传入日本，宋元时传入欧洲，明清时传入美洲和非洲。

（二）现代中国烹饪对世界饮食文化的影响

鸦片战争以后，1000 多万华侨和华裔，在 100 多个国家或地区，先后开设数十万家中餐馆；中华人民共和国成立后，又接待过数十亿爱好中国饮食的海外游客，并派遣 10 多万烹调技师出国，这都大大增强了中餐的国际声望。

在中国人发明的成千上万种食品中，有许多已传入世界各国。如茶叶、大豆、豆腐、豆芽、豆酱、面条、馄饨、煎饼、春卷、大饼、油条、米酒等，自隋唐时期开始便陆续传播到邻近的日本、朝鲜、越南、菲律宾、印度及欧美各国。特别是中国的豆腐已普及到日本和欧美各国，成为继茶叶之后又一世界范围内的畅销食品。

世界烹饪界、营养界、美食界不少有识之士，多次充分肯定中国烹饪是科学，是艺术，中华饮食文化源远流长，博大精深。法国当代世界名厨保罗·博古斯曾说：“中国是一个伟大的国家，中国菜有许多深奥的学问。”因此，西方烹饪学界和营养学界一再呼吁“东方饮食千万不要西化”“为了美味与健康，请拿起筷子吧”。

三、中国烹饪的三大特征

一般而言，中国烹饪主要存在三大特征。

首先，中餐菜式繁复。平民百姓的饮食中，各种食材和调味品的搭配层出不穷，可烹制出不同菜式，当然，如果生计捉襟见肘，选择难免受限。在中国大部分地区，并无任何宗教禁忌限制食用某种食材，唯佛教引领的素食风尚除外。精英阶层可获得的食物资源更为丰富，其饮食的组合方式自然也比普通百姓更为多样化。

其次，中国自古就与外邦有联系，尤其是中亚和东南亚国家，这使得进口食材不断涌入，成为中国烹饪食材储备中的候补者。上述舶来品既有燕窝、海参等奢侈食材，也有从美洲引进的花生、甘薯等普通农作物。后者是人类赖以为生的农作物，可在不毛之地肆意生长，大大扩充了国家的粮食供应。因此，中国饮食文化的第二个特征即舶来菜肴在方方面面影响着中国烹饪，其结果是促使“中国菜”常变常新。

最后的特征为饮食与健康密切相关。这意味着恰当的饮食是拥有健康身体和长寿的必要手段。因此中国出现了大量关于营养学和膳食学的文学作品，此类作品构成了汉语言文学的一部分，覆盖了关于烹饪和餐饮的方方面面。这些作品包括东汉末年著名军事家曹操的《四时食制》、南北朝时期虞宗的《食珍录》、北宋人陶谷撰著的《清异录》、宋末词人陈达叟的《本心斋食谱》、元明之际韩奕撰著的饮食专书《易牙遗意》、明代刘基（字伯温）所撰的《多能鄙事》、清代著名文学家袁枚所著的《随园食单》及清代李化楠撰著、其子李调元整理的《醒园录》，等等。

习题

1. 烹饪在人类生活中具有哪些意义和作用?
2. 调味对食物的改造作用有哪些?
3. 为什么说用火烹饪熟制食物是人类有史以来破天荒的科学革命和社会革命?
4. 分析中国烹饪诞生标志的两种不同说法及其原因。
5. 列举中国烹饪的诸多文化成就。
6. 中国烹饪的三大特征是什么?

第二章

中国烹饪的历史沿革

扫码看课件

导学

中国烹饪的历史沿革可概括为中国烹饪的历史形成阶段、中国烹饪的历史发展阶段、中国烹饪的历史成熟阶段和近现代中国烹饪这四个历史阶段。

从夏朝到春秋战国结束的近2000年是中国烹饪文化的历史形成阶段。中国烹饪文化的历史长河在这个时期出现了第一个高潮，烹饪文化初步定型，烹饪原料得到扩大和利用，炊具、饮食器具已不再由原来的陶器一统天下，青铜制成的饪食器和饮食器在上层社会中成为主流。

从公元前221年到公元960年的秦至五代后周，是中国烹饪的历史发展阶段。这一时期所取得的大发展，既是当时中国社会经济高度发展的结果，也是中国历史上多次大移民、民族大融合、文化重心大迁移等一系列客观刺激的必然。

从北宋建立到清朝灭亡，是中国烹饪的历史成熟阶段。随着中国经济文化重心南移，中国烹饪文化也相应出现了重心调整，北方的饮食方式与饮食观念开始与南方烹饪文化汇流，使中国烹饪文化发生巨大转变。

清朝灭亡奏响了中国烹饪文化走进现代阶段的乐章。在这一阶段中，无论是烹饪实践还是理论研究，中国饮食文化有着飞跃性发展。中国烹饪文化以全新的姿态进入了创新开拓的新时代，走上了与世界各民族烹饪文化进行广泛交流的道路。

第一节 中国烹饪的历史形成阶段

学习目标

1. 了解中国烹饪历史形成阶段的社会背景。
2. 能列举中国烹饪在其历史形成阶段所取得的重大成就。

从夏朝到春秋战国结束的近2000年是中国烹饪文化的历史形成阶段。

中国烹饪文化的历史长河在这个时期出现了第一个高潮，烹饪文化初步定型，烹饪原料得到进一步扩大和利用，炊具、饮食器具已不再由原来的陶器一统天下，青铜制成的饪食器和饮食器在上层社会中已成为主流，烹调手段出现了前所未有的成就，许多政治家、哲学家、思想家和文学家在他们的作品中提出自己的饮食思想，饮食养生理论已现雏形。

一、中国烹饪历史形成阶段的社会背景

由于夏统治者的重视，中国已出现了以农业为主的复合型经济形态，农业生产已有了相当大的发展。《夏小正》中有“囿有见韭”“囿有见杏”的记录，这是关于园艺种植的最早记载。“囿”是指帝王

畜养禽兽的园林。这个字到汉代以后也称为“苑”，另外又可引申为“菜园”之意。

商代统治者对农业也相当重视，常进行农业方面的祭祀活动，商王亲自向“众人”发布大规模集体耕作的命令。商王还很重视畜牧业的发展，祭祀所用的牛、羊、豕经常达几十头或几百头。

周统治者对农业生产的重视程度与夏商统治者相比可谓有过之而无不及。周天子每年要在初耕时举行“藉礼”，亲自下地扶犁耕田。农奴的集体劳动规模相当大，动辄上万人。所以周天子的收获“千斯仓”“万斯箱”“万亿及秭”(千座仓库、万辆车厢、成万成亿)十分可观。

进入春秋战国时期。各诸侯国为了富国强兵，都把农业放在首位。齐国国相管仲特别提出治理国家最重要的是“强本”，强本则必须“利农”。“农事胜则入粟多”“入粟多则国富”。新技术也不断出现，如《周礼》记载的用动物骨汁汤拌种的“粪种”、种草、熏杀害虫法等。战国时期，铁农具和牛耕普遍推广。荒地大量开垦。生产经验的总结上升到理论高度，出现了以许行为首的农家学。而畜牧业在当时也很发达，养殖进入个体家庭。考古发现中山国已能养鱼。农业的发达，养殖畜牧等副业的兴旺，为烹饪创造了优厚的物质原料条件。

手工业技术在夏至战国期间所呈现出的特点是分工越来越细，生产技术越来越精。生产规模越来越大，产品的种类越来越多。夏代已开始了陶器向青铜器的过渡。夏代有禹铸九鼎的传说，商周两代的青铜器已达到炉火纯青的程度。像商代的司母戊大方鼎呈长方形，口长 110 厘米，宽 78 厘米，壁厚 6 厘米，连耳高 133 厘米，重达 875 千克。体积之庞大，铸艺之精良，造型之美妙，堪称空前。1977 年出土于河南洛阳北窑的西周兽面纹铜方鼎，高 36 厘米，长 33 厘米，口宽 25 厘米，形似司母戊大方鼎，四面腹部和腿上部均饰饕餮纹。实乃精美之杰作。而战国时发明的宴乐渔猎攻战纹图壶，壶上的饰纹表现了当时的宴飨礼仪活动、狩猎、水陆攻战、采桑等内容。当时的晋国还用铁铸鼎，不过这些精美的青铜器都是贵族拥有的东西，广大农奴或平民还是使用陶或木制的烹煮、饮食器具。商代发明的漆器，至春秋战国时期已相当精美，漆器中的餐饮具种类也不少。

《尚书・禹贡》中把盐列为青州的贡品，山东半岛生产海盐已很有名。春秋时煮盐业已产生，齐相管仲设盐官专管煮盐业。

夏商两代的酿酒技术发展得很快，这主要是因为统治者嗜酒。《墨子》中讲夏王启“好酒耽乐”，《尚书》及《史记》都记述了商纣王修建酒池、肉林，“为长夜之饮”，可见，夏商时期的酿酒业是在统治者为满足个人享乐的欲求中畸形发展起来的。商代手工业奴隶中，有专门生产酒器的“长勺氏”“尾勺氏”。农作物的发展，促使人们用谷物酿酒，用酒医疗。《吕氏春秋》记载伊尹与商汤谈论烹调技术:“调和之事，必以甘酸苦辛咸，先后多少，其齐甚微，皆有自起”“阳朴之姜，招摇之桂”，阐述了药膳烹调技术，同时指出了姜、桂不仅是调味品，而且是温胃散寒的保健品。

至周代初期，统治者们清醒地意识到酒是给商纣王带来亡国灾祸的重要原因，对酒的消费与生产都做出过相当严厉的控制性规定，酿酒业在周初的发展较缓慢，当然，这并不意味着统治者们对酒“敬而远之”，周王室设立专门的官员“酒正”来“掌酒之政令”，并提到利用“曲”的方法，这可以说是中国特有的方法。欧洲 19 世纪 90 年代才从中国的酒曲中提取出一种毛霉，在酒精工业中“发明”了著名的淀粉发酵法。

春秋战国时期，商业空前繁荣，当时已出现了官商和私商，都城大梁、邯郸、阳翟、临淄、郢、蓟都是著名的商业中心。商业的发达，不仅为烹饪原料、新型烹饪工具和烹饪技艺等方面的交流提供了便利，同时也为餐饮业提供了广大的发展空间。

从夏商两代至西周，奴隶制宗法制度形态已臻完备。周代贯穿于政治、军事、经济、文化活动的饮食礼仪成了宗法制度中至关重要的内容，而周王室制定了表现饮食之礼的饮食制度，其目的就是通过饮食活动的一系列环节来表现社会阶层等级森严、层层隶属的社会关系，从而达到强化礼乐精神、维系社会秩序的效果。因此西周的膳食制度相当完备，周王室以及诸侯大夫都设有膳食专职机构工或配置膳食专职人员保证执行。据《周礼・天官冢宰》记载，总理政务的天官冢宰，下属五十九个部门，其中竟有二十个部门专为周天子以及王后、世子们的饮食生活服务，诸如主管王室饮食的“膳夫”、掌理烹调的“内饔”、专门烹煮肉类的“亨人”、主管食用牲畜的“庖人”。春秋战国时期，儒家、道家都从不同的角度肯定了人对饮食的合理要求具有积极意义。《论语》提到的“食不厌精，脍不厌细”“割不正不食”“色恶不食”，《孟子》提出的“口之于味，有同嗜焉”，《荀子》提出的“心平愉则疏食菜羹可以养口”，《老子》提出的“五味使人口爽”“恬淡为上，胜而不美”……所有这些都对饮食保健理论的形成起到了促进作用。阴阳五行学说具有一定的唯物辩证因素，成为构建饮食营养体系和医疗保健理论的重要理论依据。

二、中国烹饪历史形成阶段所取得的重大成就

中国烹饪文化在这一时期创造了辉煌的成就，从技术体系上看，主要表现在烹饪工具、烹饪原料、烹饪技艺、美食美饮等方面；从价值体系看，则主要表现在饮食思想与食养食疗理论等方面。

（一）烹饪工具与餐饮器具分门别类

饪食器与饮食器由原来的陶质过渡到青铜质，这是本阶段取得的伟大成就之一。但要强调的是，青铜器并没有彻底取代陶器，在三代时期，青铜器和陶器在人们的饮食生活中共同扮演着重要角色。保留至今的青铜质或陶质烹饪器具形制复杂，种类多样。饪食器及饮食器主要有鼎、鬲（lì）、甗（yǎn）、簋（guǐ）、豆、盘、匕等。

酒器是三代时期人们用以饮酒、盛酒、温酒的器具。在先秦出土的青铜器中，酒器的数量是最多的，商代以前的酒器主要有爵、盉（hé）、觚（gū）、杯等；商代以后，陶觚数量增多，并出现了樽、觯（zhì）等。商代，由于统治者嗜酒之故，酿酒业很发达，因而酒器的种类和数量都很可观，至周初，酒器形制变化不大，数量未增。春秋以后，礼崩乐坏，酒器大增，且多为青铜所制。三代时期的酒器，就用途而

言，有盛酒、温酒、调酒、饮酒之分。盛酒器主要有樽、觚、彝、罍(léi)、瓿(bù)、斝(jiǎ)、卣(yǒu)、盉、壶等。温酒、调酒器主要有斝、盉等。饮酒器主要有爵、角、觥(gōng)、觯、觚等。

辅助器指俎(zǔ)、盘、匜(yí)、冰鉴等。俎是用以切肉、盛肉的案子，常和鼎、豆连用。在当时俎既用于祭祀，也用于饮食。当时的专用俎有"兓俎""羔俎"，一般用木制，少量礼器俎用青铜制作。盘和匜是一组合器，贵族们用餐之前，由专人在旁一人执匜从上向下注水，一人承盘在下接，以便洗手取食。冰鉴是用以冷冻食物、饮料的专用器，先民在冰鉴中盛放冰块，将食物或饮料置于其中，以求保鲜。

（二）烹饪原料品种繁多

中国进入三代时期，粮食作物可谓五谷俱备。从甲骨文和三代时期的一些文献记载来看，当时已有了粟、稻、稷、黍、稗、秫(糯)、苴、菽、麦等粮食作物，说明农业生产已很发达。蔬菜种植已具规模，蔬菜品种也有很多，诸如葑(芜菁)、菲(萝卜)、芥(盖菜)、韭、薇(巢菜)、芹、笋、蒲、芦、菘(白菜)、藻、荇、芋、蒿、蒌、葫、萱、瓠(瓠子)、蒉(苋菜)等。桃、李、梨、枣、杏、栗、杞、榛、棘(酸枣)、羊枣(软枣)、楂(山楂)等水果已成为当时人们茶余饭后的零食。这不仅说明了当时上层社会饮食生活较之原始时期已有很大改善，也说明了种植业已有很大发展。

三代时期，人们食用的动物原料主要源于养殖和渔猎，在当时，养殖业比新石器时代有很大的发展，从养殖规模、种类和数量上看，都达到了空前的高水平。但是，人们仍将渔猎作为获取动物类原料的重要手段之一，有两个很重要的原因：一是当时的农业生产水平还达不到真正满足人们的饱腹之需，这就制约了养殖业的发展；二是当时宗教祭祀活动中祭祀所需肉类食物的数量已到了与人夺食的程度，仅仅依赖养殖的方法去获取肉类食物是不行的。因此，三代时期的肉类食物中有相当一部分源于捕猎，所以，在今人看来，三代时期人们食用的动物类品种就显得很杂，如畜禽类有牛、羊、豕、狗、马、鹿、猫、象、虎、豹、狼、狐、狸、熊、麇、獾、豺、羚、兔、犀、狙、鸡、鸭、鹅、鸿(雁或天鹅)、鸽、雉、凫(野鸭)、鹑、鸨、鹭、雀、鸹等；水产类有鲤、鲂、鲩、鲔(鲟鱼)、鲢鱼、鳟、鳢(黑鱼)、鲋(鲫鱼)、鳝(泥鳅)、江豚、鲄(河豚)、鲍、鲽(比目鱼)、龟、鳖、蟹、虾等。此外还有蜩(蝉)、蚁、蝻(蟒)、蜂、卵(蛋类)等。

加工类原料有植物性的也有动物性的。如稻粉(米粉)、大豆黄卷(豆芽)、白蘖(谷芽)、干菜、腊、脯、鳙(干鱼)、鲊、腒(干禽)等。

三代时期，特别是周代，统治者对美味的追求极大地促进了调味品的开发和利用，出现了很多调味品，诸如盐、醯(xī 醋)、醢(hǎi 肉酱)、大苦(豆豉)、醷(梅浆)、蜜、饴(蔗汁)、酒、糟、芥、椒(花椒)、血醢、鱼醢、卵醢(鱼子酱)、蚳醢(蚁卵酱)、蟹酱、蜃酱、桃诸、梅诸(均为熟果)、芗(苏叶)、桂、蓼、姜、茶等。其实当时的调味品还不止这些，如《周礼・天官・膳夫》中说供周王用的酱多达 120 种。

另外还有佐助料，植物性的有稻粉、榆面、堇(以上均为勾芡料)、鬯(香酒)，动物性的有膏芗(牛脂)、膏臊(狗脂)、膏腥(猪脂或鸡脂)、膏膻(羊脂)、网油等。

（三）烹饪工艺已趋精致

三代时期，先民通过长期的饮食生活实践，在烹饪原料处理方面总结出许多宝贵经验和一系列方式方法，如：在动物性原料的选取方面，总结出"不食雏鳖，狼去肠，狗去肾，狸去正脊，兔去尻(尾部)，狐去首，豚去脑，鱼去乙(乙状骨)，鳖去丑(肛门)"；在植物性原料的选取方面，总结出"枣曰新之，栗曰撰(选)之，桃曰胆(掸)之，柤梨曰攒(钻)之"，意思是，枣子易沾尘土，吃时要擦净，所以叫作"新"，栗子好生虫，吃时要挑拣，所以叫作"选"，桃子多毛，吃时要拭去其毛，所以叫作"掸"，吃山楂、梨子时要去掉其核，所以叫作"钻"；在酿酒方面，强调的是"秫稻必齐，曲蘖必时"和"水泉必香"，严格要求所用粮食、酒曲和水，以求酿出好酒。

在对烹饪原料的使用上，提出应根据特点及相生相克关系对烹饪原料进行季节性的合理搭配。

如《礼记·内则》:"脍(炒肉丝),春用葱,秋用芥;豚,春用韭,秋用蓼;脂用葱,膏用薤,和用醢,兽用梅。"

食酱,有"礼"的规范,而制酱即"醢"需要一定的刀工技术,因此,在当时,掌握刀工技术是对厨师的普遍性要求,如《礼记·内则》中有"取牛肉必新杀者,薄切之,必绝其理"的记载。

新石器时代晚期流行的主要烹调方法有炮、炙、燔、煮、蒸、卤、烙等,到了三代时期,随着陶器向青铜器的过渡以及烹饪原料的扩大,烹饪技法又有了进一步的创新,如臛(红烧)、酸(醋烹)、濡(烹汁)、炖、羹法、齑法(碎切)、菹法(即渍、腌)、脯腊法(肉干制作)、醢法(肉酱制作)等,至于煎、炸、熏法、干炒等,则称得上是质的飞跃。《礼记·内则》还提到"煎醢"、"煎诸(之于)膏,膏必灭之"(将原料放入油中煎,油必漫过原料顶部)、"雉、芗、无蓼"(野鸡用苏叶烟熏,不加蓼草)。《尚书·泰誓》提到"糁"这种面食制品,类似今天的炒米(麦),说明干炒已从烙中演变而出。《周礼》所说的八珍中的"炮豚"等菜,则开创了用炮、炸、炖多种方法烹制菜肴的先例,对后代颇有影响。

调味在三代时期已成为厨师的一大技能,《周礼·食医》中说:"凡和,春多酸,夏多苦,秋多辛,冬多咸,调以滑甘。"这是当时厨师总结出的在季节变化时的口味规律。而《吕氏春秋·本味》所论则更为精妙,认为调味水为第一,"凡味之本,水为之始",而调制时,"必以甘酸苦辛咸,先后多少,其齐甚微,皆有自起"。故调味之技、之学很高深:"鼎中之变,精妙微纤。口弗能言,志弗能喻。"这样制出的菜肴才能达到"久而不弊(败坏),熟而不烂,甘而不哝(浓厚),酸而不酷,咸而不减,辛而不烈,淡而不薄,肥而不腻"的效果。当时厨师总结出的调味经验往往又成为政治家、哲学家们弘扬己论的借喻。如《国语·郑语》中的"味一无果"就是说相同的滋味之间相调和,是不会产生变化结果的。又如《左传》载,齐国国相晏婴在论及"和"与"同"、君与臣之间的关系时说"齐之以味,济其不及,以泄其过"。这是说调味品的作用是将乏味变为美味,化腐朽为神奇。

相传夏代的中兴国国君少康曾任有虞氏的庖正之职。而伊尹曾是商汤之妻陪嫁的媵臣,烹调技艺高超,而商汤因其贤能过人,便举行仪式朝见他,伊尹从说味开始,谈到各种美食,告诉商汤,要吃到这些美食,就须有良马,成为天子。而要成为天子,就须施行仁政,伊尹与商汤的对话,就是饮食文化史上最早的文献《吕氏春秋·本味》。易牙又叫狄牙,是春秋时齐桓公的幸臣,擅长烹调。传说他做的菜美味可口,故而深受齐桓公的赏识。但他在历史上的名声并不好,史书载,他为了讨好齐桓公,竟杀亲子并烹熟,以作为鼎食而敬献齐桓公。管仲死后,他与竖刁、开方专权,齐桓公死后,立公子无亏而使齐国大乱。刺客专诸,受吴公子光(即后来的吴王阖闾)之托,刺杀王僚,为此,他特向吴国名厨太和公学烹鱼炙,终成烹制鱼炙的高手,最后刺杀王僚成功,此二人都可称为当时厨界的烹鱼名家。

在秦汉以前的文献中，“食”与“饮”常常对举而出，如：“饭疏食饮水”（《论语・述而》）；“食饮不美，面目颜色不足视也”（《墨子・非乐》）；“食居人之左，羹居人之右”（《礼记・曲礼》）。可见，古人的一餐，至少由“食”“饮”构成，换言之，二者构成了最基本、最普遍的饮食结构。

食，在当时专指主食，如今天所谓的米食、面食之类。《周礼》有“食用六谷”和“掌六王之食”的文字，其中的“食”就是指谷米之食，据郑注，“六谷”为稌、黍、稷、粱、麦、苽，是王者及其宗亲的饭食原料。《礼记・内则》也有“六谷”之说，但是与郑司农所注的“六谷”不同，即“饭：黍、稷、稻、粱、黄粱、白黍，凡六。”并说：“此诸侯之饭，天子又有麦与苽。”说法虽不尽同，但从历史的角度看，谷食称谓不同，往往可以反映出某种谷物的沉浮之变。

饮，其品类在三代之时有很多，在王室中，主要由“浆人”“酒正”之类的官员具体负责。《周礼・天官・浆人》：“掌供王之六饮，水、浆、醴、凉、医、酏。”水即清水；浆即用米汁酿成的略带酸味的酒；醴即一种酿造一宿而成的甜酒；凉虽为饮品，但当为以糗（炒熟的米、面等干粮）加水浸泡至冷的半饮半食之品，颇似今之北方绿豆糕、南方芝麻糊；医即在米汁中加入醴酒的饮品；酏类似今天的稀粥。

可见，三代时期人们的饮品不仅在口味上有厚薄之异，而且在颜色上也有清白之分。必须指出，这些饮品都是当时王室贵族的杯中之物，平民的“饮”除水以外，都是以“羹”为常。最初的羹是不加任何调料的太羹（不加五味的肉汤），商代以后的人们在太羹中调入了盐和梅子酱。当时王侯贵族之羹有羊羹、雉羹、脯羹、犬羹、兔羹、鱼羹、鳖羹等，平民食用之羹多以藜、蓼、芹、葵等代替肉来烹制，《韩非子》中的“粝粢之食，藜藿之羹”（吃粗糙的粮食，喝野菜豆叶煮的羹汤）之语，描述的正是平民以粗羹下饭的饮食生活实况。根据食礼规定，庶民喝不上“六饮”，但羹不会没有，《礼记・内则》说：“羹食，自诸侯以下至于庶人无等。”陈澔注说：“羹与饭，日常所食，故无贵贱之等差。”可见，周人最简单的一餐中，食、饮皆不偏废。

膳，是周礼中规定的士大夫以上级别的人于“食”“饮”的基础上所加的菜肴，又称“膳羞”。膳，即牲肉烹制的肴馔；羞，有熟食或美味的意思。周代食礼对士大夫以上阶层明确规定：“膳用六牲”（《周礼・天官・膳夫》），依郑司农注，六牲，就是牛、羊、豕、犬、雁、鱼，它们是制膳的主要原料。在食礼规定中，膳必须用木制的豆来盛放，“在孤之侧者，觞酒，豆肉，箪食”《国语・吴语》。韦昭注说：“豆，肉器。”高亨注说：“木曰豆。”不同等级的人在用膳数量上也有区别，“天子之豆二十有六，诸公十有六，诸侯十有二，上大夫八，下大夫六”《礼记・礼运》。天子公卿诸侯阶层一餐之盛，由此可见一斑。《礼记・内则》说：“大夫无秩膳。”秩，常也。就是说，士大夫虽也可得此享受，但机会不多。天子公侯才有珍馐错列、日复一日的排场。

周代的烹饪技术大大地超过了商代，已经形成了色香味形这一中国烹饪的主要特点。这在周王室所常用的养生菜肴“八珍”中即可略见一斑。《礼记・内则》记有“八珍”及烹调方法，略述如下：一是淳熬，即用炸肉酱加油脂拌入煮熟的米饭中，煎到焦黄来吃；二是淳母，制法与淳熬同，只是主料不用稻米，而用黍；三是炮豚，就是烤小猪，用料有小猪、红枣、米粉、调料，经宰杀、净腔、酿肚、炮烤、挂糊、油炸、切件、慢炖八道工序，最为费事，非平民所能受用之味；四是捣珍，即用牛、羊、鹿、麋、麇五种里脊肉，反复捶击，去筋后调制成肉酱；五是渍，即把新鲜牛肉逆纹切成薄片，用香酒腌渍一夜，次日食之，吃时用醋和梅酱调味；六是熬，即将牛羊等肉捶捣去筋，加姜、桂、盐腌并至干透，做成腌肉；七是糁，即将牛、羊、豕之肉，细切，按一定比例加米，做饼煎着吃；八是肝膋，即取一副狗肝，用狗的网油裹起来（不用加蓼），濡湿调好味，放在炭火上烤，烤到焦香即成。

可以说，“八珍”代表了北方黄河流域的饮食风味，此外，如《周礼》《诗经》《孟子》等文献所记录的饮食同样具有北方黄河流域的文化特点，主食是黍、粟之类，副食多为牛、羊、猪、狗之类；而以《楚辞》中《招魂》《大招》为代表所记录的主食多为稻米，副食多为水产品，至于“吴醴”“吴羹”“吴酸”“吴酪”等以产地为名的食品则体现了长江流域的食风。

夏商周三代的饮食活动，依其性状，大体可分两类：一类是每日常食，一类是筵席宴飨。每日常食，出于生理需要，基本固定化，习以为俗。

夏朝的筵席形态已难以考察，相传当时已有宴乐宴舞，且编排有序，场面宏大，表演性强。在商王朝，筵席宴飨一般称为“飨”，王所飨对象主要为王妃、重臣元老、武将、王亲国戚、诸侯、郡邑官员和方国君侯。宴飨的重要目的，就是对内笼络感情，即所谓“饮食可飨，和同可观”（《国语·周语中》），融洽贵族统治集团的人际关系。再有就是对外加强与诸侯、郡邑间隶属关系和方国“宾入如归”的亲和交好关系。这种以商王为主方以显其威仪气派的筵宴，是倨傲舒悦心态的表露，其大国“赫赫厥声”（《诗经·商颂·殷武》）的底蕴也每每洋溢于席面之间，政治、精神的色调在商王朝的筵宴中表现得淋漓尽致。到了周代，宴饮不仅频繁，而且宴饮的种类和规仪不尽相同，较为重要的宴饮有祭祀宴饮、农事宴饮、燕礼、射礼、聘礼、乡饮酒礼、王师大献等。

中国烹饪的历史形成阶段与中国灿烂辉煌的青铜器文化时期正可谓同期同步，这一时期中国的烹饪饮食文化由于陶器转向青铜器的变化，生产力得到提高，社会经济、政治、思想、文化全面发展而跃上了一个新的台阶，创造了多方面的光辉成就。从烹饪原料增加、烹饪工具革新、烹饪工艺水平提高、烹饪产品丰富精美，到消费多层次、多样化等，都形成了各自的特色和系统，从而为中国传统烹饪的发展奠定了坚实的基础。

第二节 中国烹饪的历史发展阶段

学习目标

1. 了解中国烹饪历史发展阶段的社会背景。
2. 能列举中国烹饪在其历史发展阶段所取得的重大成就。

从公元前221年到公元960年的秦至五代后周，其间历时1200多年，中国烹饪文化在前期形成初步文化模式的基础上经历了一个发展壮大的重要时期。这一时期，中国烹饪文化承上启下，创造了一系列重要的文化财富，为后来中国烹饪文化迈向成熟开辟了道路。

一、中国烹饪历史发展阶段的社会背景

汉王朝建立后，统治者采取了重农抑商的政策，不仅大力鼓励农业生产，而且大兴水利，在关中平原先后兴修了白公渠、六辅渠、灵轵渠、成国渠等，同时还积极推广农业技术，如《氾胜之书》载：“以粪气为美，非必须良田，除平地外，诸山陵近邑、高危倾阪及丘城上，皆可为区田。”这对扩大耕地面积，集中有效地利用肥、水条件以获高产是大有成效的。另外，中原引进水稻种植技术，打破了水稻种植仅限于长江流域的局面。一系列的积极措施，使农业生产得到了高速发展，到汉文帝时，粟价每石仅“十余钱”，全国上下官仓谷物充盈。东汉，在牛耕技术已经普及的同时，统治者加强了水利工程修复和兴建，农业生产水平又有了进一步的提高。魏晋南北朝时期，南方相对稳定，北方先进的农业生产技术南传，使南方水田扩大，稻产量高于黍、麦，“一岁或稔，则数郡忘饥”。北魏在孝文帝改革后，生产力得到相当恢复，得以出现《齐民要术》这样的农学巨著。唐王朝到开元、天宝年间，“河清海晏，物殷俗阜”“左右藏库，财物山积，不可胜数，四方丰稔，百姓殷富”（《开天传信记》）。茶树种植面积遍及五十多个州郡，茶叶产量大增，名茶品种增多。

秦时已有利用地温培植蔬菜，汉代出现了温室，如《汉书·召信臣传》载，在皇室太官经营的园圃中，“种冬生葱、韭菜茹，覆以屋庑，昼夜燃蕴火，待温气乃生。”可以说，利用温室栽培蔬菜，是秦汉时期蔬菜种植技术发展的一项突出成就。西汉以后，中国与西亚、中亚商贸往来增多，西域的石榴、核

桃、苜蓿、蚕豆等传入中国，影响很大。东汉时灵帝喜欢吃少数民族的饭食，导致“京都贵戚皆竞为之”。到了唐代，温室种菜更为普及，或利用温泉水，或利用火。养殖业也前进了一大步，鸡、猪圈养在全国已成普遍。西汉已引驴、骡、骆驼入内地，选择良种配殖家畜。在汉代，大规模陂池养鱼已经出现，唐代混养鲩（草鱼）、青、鲢、鳙的技术取得了突破。驯养水獭捕鱼之法在唐人写的《酉阳杂俎》中已有记载。从南北养殖鱼种的类别来看，北方以鲤鱼、鲫鱼、鲂鱼为主，南方淡水鱼品种较丰富，除鲤、鲫、鲂之外，还有武昌鱼、鲈鱼、青鱼、草鱼、鳙鱼等。而三国吴人沈莹在其所著的《临海水土异物志》中，记载了东南沿海一带出产的各种鱼类等海鲜多达近百种，其中绝大多数品种的海鲜均为当地人民所喜食，反映了这一时期中国开发利用海鲜资源的能力在不断提高。

汉代，由于冶金技术的发展，青铜冶铸业的地位下降，铁已用来制造烹饪器具，如刀、釜、炉、铲、钳等。可以说，冶金技术到西汉已达到较为成熟的阶段。钢制刀具和铁锅的出现、普及，使烹饪工具和烹饪工艺又产生了一次飞跃。汉代的错金银和镶嵌技术水平已很高，生产出很多名贵的餐饮器具。唐代制作出可以推动移位的轆炉和用于原料加工的刀机。

南北朝时已用竹木制作蒸笼和面点模具。西汉时北方还出现了水推磨、碾，是粮食原料加工机械的一次革新。唐代的高力士堵截沣水，制造出五轮并转的碾，每天磨麦达三百斛。

南北朝的脱胎漆器工艺和唐代的剔红工艺，不仅充分展示了这一时期漆器艺术的精美水平，也反映了漆器在此时期人们的饮食活动中所处的重要位置。瓷器工艺经三国到两晋已转向成熟，瓷器逐渐代替漆器成为人们普遍使用的餐具。唐代南方越窑青瓷被陆羽誉为“类冰”“类玉”，秘色瓷有“九天见露越窑开，夺得千峰翠色来”之赞。北方邢窑白瓷被杜甫誉为“类银”“类雪”。五代北方柴窑的产品亦有“雨过天晴”的美名。

盐业生产在这一时期也得到了很大发展。汉代，人们对食盐非常重视，称其为“食肴之将”“国之大宝”。人们平均每月的食盐量在三升左右。当时人们已能产池盐、井盐、海盐、碱制盐，东汉时已用“火井”即天然气煮盐。唐代盐的花色品种很多，颜色有赤、紫、青、黄，造型有虎、兔、伞、水晶、石。酿酒业在这个时期也有很大发展。《方言》所载曲名有八种，其中有饼曲，说明当时已能培养糖化发酵能力很强的根霉菌菌种了。从魏、晋一直到唐，上层社会的饮酒之风大盛，酒的种类也越来越多，出现了很多名酒。唐代葡萄酒的制法从西域传入内地，《新唐书·高昌传》记载，唐太宗时就已从西域引种马奶葡萄，“并得酒法，上损盖造酒。酒成，凡有八色，芳香酷烈，味兼醍盎。”

秦汉以来，统治者为便于对全国各地的管辖，很重视道路交通的建设。从秦筑驰道、修灵渠，汉通西域，到隋修运河，这一切在客观上大大促进了国内与周边国家以及中亚、西亚、南亚、欧洲等地的经济、文化交往。到了唐代，驿道以长安为中心向外四通八达，而水路交通运输则七泽十薮、三江五湖、巴汉、闽越、河洛、淮海无处不达，促进了经济的繁荣。从秦汉始，已建起以京师为中心的全国范围的商业网。城市商贸交易发达，饮食市场“熟食遍列，肴旅成市”。从《史记·货殖列传》得知，当时大城市饮食市场中的食品相当丰富，有谷、果、蔬、水产品、饮料、调料等。长安城有鱼行、肉行、米行等，说明当时的餐饮市场已很发达。东晋南朝的建康和北魏的洛阳，是当时南北两大商市，城中共有110坊，商业中心的行业多达220个，国内外的商品都可在此交易。特别是“胡食”，即外国或少数民族食品，在许多大商业都市中颇有席位。“胡食”“胡风”的传入，给唐代饮食吹来一股清新之气，不仅“贵人御馔，尽供胡食”（《旧唐书·舆服志》），就是平民也“时行胡饼，俗家皆然”。

经济的发展，餐饮业的兴旺，使当时的宴饮出现了新的变化，市面宴会也非旧时可比。几百人的酒席立时三刻即可办齐。长安、扬州、汴州等大城市甚至于一些中等城市都出现了夜市。唐代还出现了茶叶交易兴盛的商市，如饶州、蕲州、祁州等，很多大城市的店铺还连带卖茶。

隋唐时对外交流更为频繁，长安、洛阳、扬州都是重要的国际贸易城市，在相互交流中，中国的瓷器、茶叶、筷子、米、面、饼、馓子、牛酥和烹制馄饨、面条、豆腐之法，以及饮茶、饮酒等习俗传入日本。茶叶、瓷器传入朝鲜，酒曲制作方法经朝鲜传入日本。西域的饮食如烧饼、三勒浆、龙膏酒等，波斯枣、甜瓜、包菜、扁桃等果蔬，印度的胡椒、茄子，尼泊尔的菠菜、浑提葱，泰国的甘蔗酒，爪哇的椰花

酒，越南的槟榔、孔雀脯等则传入了中国。唐太宗还曾派人去印度学制糖技术。唐与周边的吐蕃、回鹘也有饮食文化交流。文成公主远嫁西藏，带去了中国烹饪的一些原料和烹饪方法，如制碾、琢磨、种蔬菜、酿酒、打制酥油等。另外，宗教文化的传入对中国饮食有一定的促进作用。一是清真饮食随阿拉伯人经商和定居传入中土大唐；二是佛教在东汉传入中国后，至南朝梁武帝崇佛吃素，形成寺院素菜风味，给中国烹饪添加了两笔浓彩。

总之，这一时期，作为中国饮食文化的发展时期，既是当时中国社会经济高度发展的结果，也是这一时期中国历史上多次大移民、民族大融合、文化重心大迁移等一系列客观刺激的必然。后来的中国饮食文化正是在这样的基础之上完成了它的成熟过程。

二、中国烹饪历史发展阶段所取得的重大成就

中国烹饪历史发展阶段在烹饪原料的开发利用上、烹饪技术及烹饪产品的创新上、饮食文化创造上以及烹饪文化理论建树上，都表现出前所未有的兴旺发达。

（一）烹饪原料取得重大进步

这一阶段的烹饪原料无论是品种还是产量都大大地超过了过去，粮食产量的提高使人们饮食生活中的粮食结构出现了新的变化。汉代豆腐的发明是中国人对整个人类饮食文化做出的巨大贡献。而植物油用于人们的烹调活动之中，为烹调工艺的创新开拓了新的领域。各民族间的文化交流使域外的烹饪原料被大量引进，进一步丰富了中国人的饮食生活，这一点仅从孙思邈《千金食治》录入的用于饮食疗病的多达150余种的谷、肉、果中就可见一斑。

传统的烹饪原料发生了重大变化。在粮食生产方面，粟类作物的"五谷之长"地位不仅受到了来自南方迅速发展的稻类作物的挑战，而且与中原地区的麦类作物平起平坐。汉代，蔬菜的种植，一是为了助食二是为了备荒救饥。如汉桓帝曾因灾荒下诏令百姓多种芜菁，以解灾民饥荒之急。但随着历史的发展，情况逐渐发生了变化，蔬菜品种大大增加，增加的途径主要有三条：一是野菜由野外采集逐渐转向人工栽培，如苦荬菜、蘑菇、百合、莲藕、菱、莼菜等已由原来的野外采集发展为菜园栽培；二是由于不断栽培选育而不断产生新的蔬菜变种，如瓜菜类中即有从甜瓜演变而来的越瓜，就是佐餐的蔬菜；三是异域菜种不断传入，西汉武帝时期，张骞出使西域，为中西物质文化交流打开了大门，苜蓿、葱、蒜等由此传入，成为中国农民菜园中的新成员。魏晋以后，黄瓜、芫荽、莴苣、菠菜等纷纷传入本土。

此外，这一时期还涌现出大量的原料名品，极大地丰富了人们的饮食生活。许多文献对此不乏载述，如西汉枚乘的《七发》列举了大量优质的烹饪原料，如："楚苗之食，安胡之飰"；《游仙窟》中记载了鹿舌、鹿尾、鹑肝、桂糁、豺唇、蝉鸣之稻、东海鲻条、岭南柑橘、太谷张公梨、北起鸡心枣等；《膳夫经手录》记载了奚中羊、蜡珠樱桃、胡麻等；《酉阳杂俎》记载了濮固羊、折腰菱、句容赤沙湖朱砂鲤等；《大业拾遗记》中记载了吴郡贡品海鮸干脍、石首含肚等；《无锡县志》记载了红莲稻等；《清异录》记载了冯翊白沙龙羊、巨藕、睢阳枣等；《国史补》记载了苏州伤荷藕；《长安客话》记载了戎州荔枝等；《岭表录异》记载了南海郡荔枝、普宁山橘子等；《新唐书·地理志》记载了海蛤、海味、文蛤、藕粉、鹿脯等贡品。全国各地的特产烹饪原料在这一阶段的文献记载中可谓不胜枚举。另外，值得一提的是豆腐的发明，据说淮南王刘安发明了豆腐。《清异录》第一次用"豆腐"一词。豆腐的发明，是中国人对世界饮食文明的一大贡献，今天，它已经成为世界各族人民喜爱的食品。

动物性烹饪原料也发生了一些变化：一是肉类食物在整个膳食结构中的比重比前一阶段加大；二是羊和猪在肉食品种中的地位得到提高。当然，鸡、鸭、犬、兔等肉类亦为厨中兼备之物。狩猎业仍为人们肉类食物的重要补充途径，所以这一时期的文献记载了不少关于烹调所用的猎获之物的种类，如《齐民要术》记载了许多有关野味的烹调方法，其中来自狩猎的主要有獐、鹿、野猪、熊、雁、雉等；孟诜在其《食疗本草》中也记载了鹿、熊、犀、虎、狐、獭、豺、猬、鹧鸪、鹌鸽、慈鸦等野味的食疗作

用。另外，因养殖技术的提高，水产品种和产量都大大地超过了前期。

两汉以前，中国的食用油来自动物脂肪，植物油的利用似乎还未开始。但至魏晋南北朝时期，至少胡麻、大麻和芜菁的籽实被用于压油。据《三国志・魏志》记载，当时已用“麻油”（芝麻油）烹制菜肴，后有豆油、苏油。《酉阳杂俎》记载唐代有专门卖油的人走街串巷。植物油用于炒、煎、炸，使唐代烹饪名品大增。植物油的出现，是中国饮食文化史上一个十分值得注意的事件，它实际上与中国烹饪技艺的重大变革——油煎爆炒的出现相联系。

（二）烹调工具及饮食器具趋于精致

汉初，当上层社会列鼎而食的习俗逐渐消失后，人们开始在地面上用砖砌制炉灶。当时炉灶的造型和种类可谓变化多样，但总体风格是长方形的居多。东汉时，炉灶出现了南北分化。南方炉灶多呈船形，与南方炉灶相比，北方灶的灶门上加砌一堵直墙或坡墙作为灶额。灶额高于灶台，既便于遮烟挡火，也利于厨师操作。不论南方炉灶还是北方炉灶，炉灶对火的利用更加充分合理，如洛阳和银川分别出土了有大、小二火眼和三火眼的东汉陶灶。南北朝时期，可能受北方人南迁的影响，南方火灶也出现了挡火墙。汉代炉灶的形式很多，有盆式、杯式、鼎式等。魏晋南北朝时出现了烤炉，可烘烤食物。唐代炉灶的形式多样，如出现了专门烹茶的“风炉”，制作精妙。其他一些炉灶辅助工具如东汉时可置釜下架火的三足铁架、唐代火钳等也在考古发掘时被发现。

早在战国时，铁器的使用及铁的冶炼既已有之。到了汉代，铁器的冶铸技术水平已有提高，铁器已经普及到生活的许多方面，如在烹调活动中铁釜和锅已普遍使用。到了三国时期，魏国已出现了“五熟釜”，即釜内分为五档，可同时煮多种食物。蜀国还出现了夹层可蓄热的“诸葛行锅”。至西晋时，蒸笼又得以发明和普及，蒸笼的发明使中国的面点制作技术发生了相应的变化。《北史》记载，我国古代有一个称“獠”的少数民族，“铸铜为器，大口宽腹，名曰‘铜爨’，且薄且轻，易于熟食”。这就是中国最早的“铜火锅”。唐朝的炊具中还有比较专门和奇特的，如有专烧木炭的炭锅，还有用石头磨制的“烧石器”，其功用很似今天的“铁板烧”，但更为优良，冷却缓慢，可“终席煎沸”。

汉代，盛放食物的器具是碗、盘、耳杯等，一般为陶器，富有之家多用漆器，宫廷贵族又在漆器上镶金嵌玉。至魏晋南北朝，瓷质饮食器具在人们的日常饮食生活中日渐普及。唐代，瓷器生产步入繁荣，上自贵族，下至平民，皆用瓷质饮食器。此外，中国使用金银制品的历史也很悠久，汉代已经有了把黄金制成饮食器的记载。至魏晋南北朝和隋唐时，因社会大盛奢靡之风，上层社会盛行使用金银制成的饮食器。

（三）烹饪工艺妙法迭出，饮食种类不断丰富

由于灶、炉等烹饪设备相继出现并不断地得到改善，炊具种类随之增多并形成较为完整的功能体系。在烹饪技法方面，食品的蒸、煮、炮、炙技术不断得到提高，熬、炸方法也逐渐被发明并应用，原料配伍和调味技艺越来越被讲究。在主食的烹制方面，两汉时期饼食开始出现，花样很多，“南人食米”，自古皆然，而“北人食面”，却并非有史以来即是如此，事实上，以面食为主食是北方人饮食变迁最为突出的成果之一，正是在秦汉以后，北方地区逐步改变了漫长的以“粒食”当家的主食消费传统，确立了以面食为主，面食、粒食并存的膳食模式，并一直延续至今。大体而言，后世常用的烤烙、蒸、煮、炸四种制饼之法，当时均已出现。饭、粥的种类也进一步丰富起来，如粟饭、麦饭、粳饭、豆菽饭、胡麻饭、雕胡饭、橡饭等。

相比而言，秦汉以后的厨师在做菜方面所花费的心思和精力，要远远超过做“饭”。从某种程度上看，菜肴的烹调更能充分显示中国饮食文化的多样性和独创性。蒸、煮、烤炙、羹臛等是当时人们最常用的菜肴烹调方法。与这些方法相比，炒法的出现要晚得多，这主要是受早期炊具形制和质地以及植物油料加工尚未发展起来等因素的制约。可以说“炒”是中国后世最为常用的一种菜肴烹调方法，几乎适用于一切菜肴原料，而且炒的种类变化甚多。

（四）风味流派的兴起

风味流派在这一时期已有了大致的眉目，主要表现于地域与食材的区别上。唐代以前，由于交通运输落后，商品的流通还很有限，只有上层社会和豪商巨贾才能独享异地特产，所以风味流派首先建立在烹饪原料的基础之上，并受其制约。西汉时，南方以水产、猪、水稻为主，而北方仍以牛、羊、狗、麦、粟等为主。在调味上，北方用糠（粟麦类）醋，南方用米醋。北方多鲜咸，蜀地多辛香，荆吴多酸甜。随着水陆交通的便利、商业经济的发展和饮食文化的交流，各地的饮食风俗又相互影响。据《洛阳伽蓝记》载，南方人到洛阳后，有很多人渐渐地习惯于食奶酪、羊肉，北方人也渐习啖茗与吃鱼。北方的名食以面食居多，而南方名食以米食居多。即使饮茶普及后，南北方的烹茶工艺、饮茶方法也有很大不同。唐代自陆羽后，南人渐习于研茶清煮，而北人仍惯于加料调烹，西北少数民族因食肉等原因，则更无清饮之习。与其他之地相比，岭南食风更为奇异，《淮南子》说“越人得蚺蛇（蟒）以为上肴”，《岭表录异》中载种种奇食怪味及食用方法奇特之事，反映了岭南之地饮食风俗的个性特征。

早在先秦之时，荤素肴馔就有了分别，但形成流派则始于南朝。梁武帝笃信佛教。以身事佛，且躬亲食素，对荤素菜肴形成流派起到了推动的作用。他亲撰《断酒肉文》，号召天下万民食素，寺院素食渐成流派。北方也受到影响。至唐，素菜制作出现了创新，出现以素托荤类的菜肴，以素托荤，就是形荤实素，据《北梦琐言》载，崔安替用面粉等素料，制出了豚肩、羊臑、脍炙等，生动逼真，可谓素菜荤制的开山之作。

这一时期的宫廷风味、官府风味在一定程度上也有了一定的发展。一般来说，宫廷菜的制作技术只限于宫中，很难在宫外餐饮市场露面，因而也少有交流的机会。所以宫廷菜只是在皇族的范围内缓慢地发展着。至于官府菜，情况要好于宫廷菜的境遇。有些官员与其厨师共同研制独具自家风味的菜点，所以比起宫廷菜，官府菜的发展不仅快，而且呈现出百花竞放之势。市肆菜的主要特点是具有商业性经营的灵活性，如在长安，就可看到南北东西甚至国外传进的许多食品，并形成了巨大的消费市场，即使是官府食品，也可以在市肆上仿制出来。

（五）烹饪饮食专家开始出现

这一时期的烹饪饮食名家较之先秦，不仅数量多，而且是真正意义上的烹饪饮食名家，没有先秦时那种由于政治的或哲学的需要在其论说中多举饮食烹饪之事而得美食烹饪名家的复杂情况，所以这时期的烹饪名家基本上确实是因其精于烹饪而被载入史册的专家。五侯鲭的创始人是娄护，他亦可被视为杂烩的发明者。西汉的张氏、浊氏以制脯精美而成名。北魏崔浩之母，口授烹饪之法于崔浩，才得以有《崔氏食经》传世。据《大业拾遗记》载，隋人杜济，创制石首含肚，人称“古之符郎今之谢枫”。而谢枫乃是隋代著名的美食家，《清异录》中载他著有《淮南王食经》。唐代段文昌为“知味者”，《清异录》说他“尤精膳事”，他家的老婢女名膳祖，主持厨务，精于烹调之术。五代时有个叫梵正的尼姑，清苦的庵居生活并没有埋没她的天赋。当时天下怀念盛唐诗画风流，她从王维的《辋川图》找到灵感，用鲊、脍、脯、腌、酱、瓜、蔬，黄、赤杂色，斗成景物，组成一道大型风景冷盘，世称辋川小样。这道菜妙就妙在，每个宾客碟子里，都是《辋川图》的一部分，倘若有二十人落座，则二十枚盘子景物不同，拼在一起，洽是辋川全景，端的穷巧极妙。

（六）烹饪理论研究

烹饪技艺在这一时期的大发展，使烹饪理论研究在此时期呈现出前所未有的繁荣。据有关资料记载，从魏晋到南北朝出现的烹饪专著多达 38 种，隋唐五代时烹饪专著有 13 种，总计 50 多种。可惜的是有不少已在历史发展的过程中丢失了。今天可以看到的食文中，有的已残缺不整，如传为曹操所作《四时食制》、崔浩所作《崔氏食经》、南北朝的《食经》《食馔次第法》等。而完全保存下来的，有唐代陆羽的《茶经》、张又新的《煎茶水记》等有关茶、水的专著。另外，西晋束皙的《饼赋》，讲述饼的产生、品种、功用和制作，可谓是关于饼的专论之文。还有很多值得一提的烹饪文献，如东汉崔实的《四民月令》，这虽是部农书，但其中有关烹饪部分的有制酱、酿酒、造醯及制作饼、脯、腊等，同时还提到饮食事项、宴飨活动等方面的内容。北魏贾思勰所著《齐民要术》是中国第一部农学巨著，其中关于烹饪方面的内容具有较高的史料价值。书中不但保存了很多此前已经亡佚的烹饪史料，而且还收录了当时以黄河流域为中心，涉及南方，远及少数民族的数十种烹饪方法和 200 多种菜点。唐代段成式的《酉阳杂俎》共 20 卷，续 10 卷，其中《酒食》卷中录入了历代百余种食品原料及食品，参考价值很高。唐代刘恂的《岭表录异》一书，主要记录了唐代岭南一带的饮食风俗趣闻，为今人研究当时当地烹饪饮食文化的发展状况提供了难得的研究素材。此外，还有《西京杂记》《方言》《释名》《说文解字》等文献也保存了很多关于饮食文化方面颇有价值的资料。

饮食保健理论研究在这一时期也有很大的发展，主要表现在两个方面：一是对前一时期建立的理论继续补充和完善；二是结合具体实践，归纳总结出食疗保健食品的名称、药性药理、食用方法、注意禁忌等，使饮食医疗保健进一步具体化。

秦汉以后，随着医药学的发展，药膳亦随之发展起来了。中国最早的一部药物学专著《神农本草经》，记载了既是药物又是食物的多个品种，如薏仁、大枣、芝麻、葡萄、蜂蜜、山药、莲米、核桃、龙眼、百合、菌类、柑橘等，并记录某些药物有“轻身延年”的功效。《黄帝内经》这部古典医著，不仅是中国现存最早的一部重要医学著作，而且也是中国古代的百科全书，内容包括哲学、气象学、医药学、解剖、药膳等，奠定了中医学的理论基础。其中最典型的药膳如乌贼骨丸，用于治疗血枯病。配方中有茜草、乌贼骨、麻雀卵、鲍鱼，将前三味共研为丸，鲍鱼汤送服，真可谓美味佳肴。继《黄帝内经》之后，

东汉名医张仲景“勤求古训，博采众方”，著成《伤寒杂病论》一书。张仲景在中国药膳学的发展史上，做出了一定的贡献。他在《金匮要略》中指出：“禽兽鱼虫禁忌并治”和“果实菜谷禁忌并治”两个专篇，对“食禁”做出了专门的阐述，这为饮食卫生指出了明确方向。例如，他说：“凡肉及肝，落地不着尘土者，不可食之。”“肉中有朱点者，不可食之。”“果子落地，经宿，虫蚁食之者，人大忌食之。”仲景首创的桂枝汤、百合鸡子汤、当归生姜羊肉汤等药膳方剂，用以治疗人体多种疾病。在当时当归生姜羊肉汤中，羊肉是血肉有情之品，功效并非草木能及，这说明张仲景已经认识到药借食力，食助药威的道理。

两晋南北朝时期，中国药膳又有了新的发展，著名炼丹家陶弘景著《本草经集注》一书不仅增加了很多新药品种，而且将药物按自然属性分类为玉石、草木、虫兽、果、菜、米以及有名未用药等七大类。在食疗方面，记载有葱白、生姜、海藻、昆布、苦瓜、大豆、小豆、鲍鱼等。唐代孟诜撰辑的《食疗本草》是一部食疗专著，原书已佚，仅有残卷和佚文。该书不仅内容丰富，而且大都有实用价值，除收有许多具有疗效的药物和单方外，对某些药物的禁忌也有不少切合实际的记载。这个时期的食疗专著，还有《食医心鉴》，为营养学专著，此书已佚，但留载于《医方类聚》一书中。唐代著名医学家孙思邈，著《千金要方》一书，内容非常丰富。其中有食治专篇，列在卷第二十六，本卷首为序论，然后分果实、菜蔬、谷类、鸟兽并附虫鱼共五部分。孙思邈列药膳方剂 17 首，其中的茯苓酥、杏仁酥，就是抗老延龄的著名药膳方剂。唐代名医王焘所撰著《外台秘要》有关食疗食禁的内容十分丰富，例如治疗咳嗽时忌生葱、生蒜或海藻、菘菜、咸物等，治疗痔疮时忌鱼肉、鸡肉等。此外，该书还记载了用谷皮煮粥防治脚气病的方法，这些至今仍是药膳常用的方剂。另外，陈士良著的《食性本草》共十卷，也是药膳专著的佼佼者。

总之，中国烹饪文化在这一时期取得了重大成就，突出表现在以下几个方面：一是原料范围进一步扩大，品种进一步增多，域外原料大量引进，海产品大量使用；二是植物油用于烹饪，使烹饪工艺的某些环节出现了新的变化；三是铁质烹饪器具的使用，“炒”“爆”工艺的出现，实现了中国烹调工艺的又一飞跃；四是瓷器和高桌座椅的普及，开始了中国餐具瓷器化和餐饮桌椅化的新时代；五是饮食名品多如繁星，拉开了此后中国餐饮业通过名品刺激消费、在竞争中产生名品的帷幕；六是宴会大盛，奠定了中国传统宴会的基本模式；七是烹饪专著大量涌现，食疗食养理论进一步发展，大大丰富了这一时期的饮食文化研究内容。

第三节 中国烹饪的历史成熟阶段

学习目标

1. 了解中国烹饪历史成熟阶段的社会背景。
2. 能列举中国烹饪在其历史成熟阶段所取得的重大成就。

从北宋建立到清朝灭亡，中国传统烹饪文化在其各个方面都日臻完善，进而走向成熟，因此，从中国饮食文化的发展历程看，这一时期可以称之为中国烹饪文化的成熟阶段。随着中国经济文化重心历经三次南移(即永嘉之乱、安史之乱和靖康之变，使中国历史上出现了三次大批北方人为避战火而南下的场面)，中国烹饪文化也相应出现了重心调整。特别是南宋以后政治、经济和文化等综合因素的相互作用，北方的饮食方式与饮食观念在经历了文化重心南移的波折后，开始与南方烹饪文化汇流，使中国烹饪文化发生了巨大转变。

一、中国烹饪历史成熟阶段的社会背景

时至北宋，农业生产技术水平大大提高，出现了江北种粟麦黍豆、江南种粳籼杭稻的错综格局。越南占城稻和朝鲜黄粒稻等优良品种的引进，使农作物的种植不仅走向优质化，而且也形成了品种多元的形势。与北宋对峙的辽、西夏也在大力发展农业经济，耕作面积增大，种植品种增多。南宋虽偏安一隅，但统治者非常重视精耕细作，农业生产一度出现了繁荣景象。到了元代，水稻已成为产量高居全国首位的农作物。明代统治者鼓励平民垦荒，提倡种植经济作物，粮食产量大增，一些地方的储粮可支付当地俸饷十至数十年甚至上百年。至明代中叶，农业生产水平进一步提高，闽浙出现双季稻，岭南出现三季稻，并引进了番薯、玉蜀薯等新的农作物。清康乾盛世之时，关中地区有的地方一年“三收”。至清末时，尽管遭到帝国主义列强的侵略，但农业生产主要格局和总体水平没有发生根本动摇，农业仍然是国民经济生产部门的主项。

瓷器的烧制已遍布全国各地，景德镇瓷器名彻四海，定窑、钧窑、越窑、建窑、汝窑、柴窑、龙泉窑等亦均出名瓷。泉州、福州、广州等地的造船业相当发达，大量瓷器由此出海，远销异国。元明清三代是中国瓷器的繁荣与鼎盛时期，从产品工艺、釉色到造型、装饰等方面都有巨大的创新。酿酒业在这一时期发展很快。宋代发明红曲酶，这在世界酿酒工艺史上都是一个了不起的创造。宋代茶叶生产水平有所提高，出现了“炒青”技术，茶叶种类增加。黑茶、黄茶、散茶和窨花茶已经出现，特别是红茶制作方法被发明，已能生产小种红茶。宋代城市集镇大兴，商贾所聚，要求有休息、饮宴、娱乐的场所，于是酒楼、食店到处都是，茶坊也便乘机兴起，跻身其中，大大促进了茶文化的发展。这一时期饮食加工业的兴旺也已成为中国饮食文化日趋成熟的重要因素。在全国大中小城市中，普遍有磨坊、油坊、酒坊、酱坊、糖坊及其他大小手工业作坊并出现了如福建茶、江西瓷、川贵酒、江南澄粉、山东玉尘面等很多著名品牌。清末，中国许多门类的手工业失去了昔日的风采，只有与烹饪有关的手工业未呈衰相。

社会经济的发展，为这一时期中国烹饪文化的成熟打下了坚实的基础。两宋的烹饪文化中最突出的特点是都市食肆的发展十分迅速，并在短期内达到十分繁荣的局面。从《东京梦华录》看，宋代正因为商业经济很发达，汴京等大都市的酒楼、饭馆如雨后春笋般发展起来，且生意甚兴。当时著名的北宋宫廷画家张择端借清明游春之际，绘《清明上河图》，生动而真切地再现了当时汴京沿汴河自“虹桥”到水东门内外的民生面貌和繁荣景象，酒楼正店，酒馆茶肆，饮食摊贩，以及从事餐饮生意人的买卖情形，都占有画面重要部位。其中挂有“正店”招牌的三层酒楼，挂有“脚店”的食店以及街岸两旁搭有大伞形遮篷的食摊，熙熙攘攘的人群围站食摊、出入酒楼，餐饮业的这种繁荣景象生动逼真，形象地描述了北宋时期饮食业的盛况。时至南宋，大批人才的南流，将北方的科学、文化、技术带到了南方，也推动了江南饮食业的发展。南宋王朝偏安一隅，奢靡腐化成风，竞相吃喝玩乐，由此造就出京城临安的畸形繁荣。在落户杭州的大量流民中，有不少厨师和各种食店的老板，他们带来了北方的饮食烹调技术，南下后重操旧业。八方之民所汇之地造就了当时素食馆、北食馆、南食馆、川食馆等专业风味餐馆的问世。饮食行业还出现了上门服务、分工合作生产的“四司六局”，还有专供富家雇用的“厨娘”。元代出现了很多较大的商业城市，如大都、杭州、泉州、扬州等，这些城市都有饮食娱乐配套服务的酒楼饭店。明代初期，社会经济呈现出繁荣景象，各种食品也随之进一步丰富起来。当时大都、杭州、泉州、扬州等都市的饮食业发展很快，并得到了当时文化人的重视，出现了不少有关饮食的专著。这些饮食方面的专著所反映出的当时的食品种类、加工水平、烹调技术已达到相当的高度。明代万历年间的史料中出现的烹调术语多达百余种。清代，特别是康乾盛世，由于社会经济的高度发展，一些大都市如北京、南京、广州、佛山、扬州、苏州、厦门、汉口等比明代更为繁荣，还出现了如无锡、镇江、汉口等著名码头。在商业各行中，盐行、米行是最大的商行。北京作为全国最大的贸易中心之一，负责对少数民族批发酒、茶、粮、瓷器等商品。正因如此，中国的饮食文化达到了前所未有的顶峰，以御膳为例，不仅用料珍贵，而且很重视造型，在烹调方法上还特别重视“祖制”。

即使是在饮食市场上，许多菜肴在原料用料、配伍及烹制方法上都已程式化。各民族间的饮食文化的交流在当时也很普遍，通过交流，汉民族与兄弟民族的饮食文化相互影响，促进了共同的发展。清末，借着半殖民地、殖民地化商业的畸形发展，很多风味流派得到传播和发展，出现了许多著名的酒楼饭馆。一些老字号餐馆经营有方，为取悦宾客，不仅从店名修辞到屋内陈设都别具一格，而且菜点的烹制也严格把关、力求精美。

二、中国烹饪历史成熟阶段的文化成就

（一）烹饪原料的引进和利用

这一时期外域烹饪原料大量地引进中国，如辣椒、番薯、番茄、南瓜、四季豆、土豆、花菜等。其中，辣椒原产于秘鲁，明代传入中国。番薯，原产于美洲中南部，也是明代传入中国的。南瓜，原产于中南美洲，明末传入中国。土豆，原产于秘鲁和玻利维亚的安第斯山区，15—19 世纪分别由西北和华南多种途径传入。面对这些引进的烹饪原料，中国厨师们洋为中用，利用这些洋原料制成了适合于中国人口味的菜肴。

此外，由于原料品种和产量不断增加，人们对原料的质量提出了更高的要求。元明清时，菜农增加，蔬菜的种植面积进一步扩大，菜农的蔬菜栽培技术也有了相应的提高，这不仅促进了蔬菜品种的增多，也促进了蔬菜品种的优化。如白菜是中国古代的蔬菜品种，至明清时，经过不断改良，培育出多个品种和类型，南北方都大量栽培，成为深受人们喜爱的蔬菜品种。在妙用原料方面，中国古代的厨师早已养成了珍惜和妙用原料的美德，尽管当时的社会经济已有了很大的发展，烹饪原料日渐丰富，但人们在如何巧妙合理地利用烹饪原料方面还是不断地探索和尝试，并总结出一料多用、废料巧用和综合利用的用料经验。如通过分档取料和切配加工，采用不同的烹调方法，就可以把猪、羊、牛等肉类原料分别烹制出由多款美味组成的全猪席、全羊席或全牛席。又如锅巴本是烧饭时因过火而形成的结于锅底的焦饭，理应废弃不用，但人们以之制醋，甚至用它做成“白云片”“锅巴海参”等风味独特的菜肴，真可谓用心良苦。

（二）烹饪工具和烹饪技术的进一步发展

这一时期的烹饪工具有很大发展，宋人林洪在其《山家清供·拨霞供》中，记载武夷六曲一带人们冬季使用的与风炉配用的“铫”，其实就是今人所说的火锅，可见当时火锅在南方一些地区已经流行。而汴京饮食市场上出现的“入炉羊”一菜，则表明当时已有了烤炉。值得一提的是，珍藏于中国国家博物馆中的河南偃师出土的宋代烹饪画像砖，画中的主人公是一位中年妇女，正在挽袖烹调。其旁边有一个镣炉，炉内火焰正旺，炉上锅水正开，从画面上看，这种镣炉可以移动，通风性能很好，节柴省时，火力很猛，是当时较为先进的烹调炊具。元代宫廷太医忽思慧在其《饮膳正要·柳蒸羊》中记载了一种用石头砌的地炉，其用法是先将石头烧热至红，置于炉内，再将原料投入烘烤。该书还提到了“铁络”“石头锅”“铁签”等。明代以后，炊具的成品质量较之前代有很大提高，广东、陕西所产的铁锅成为当时驰名全国的优质产品。到了清代，锅不仅种类很多，而且使用得相当普及。而烤炉也有了焖炉和明炉之分。

自宋元始，烹饪工艺的各大环节如原料选取、预加工、烹调、产品成形已基本定型。又经明清数百年的完善，整个烹饪工艺体系已完全建立。

对原料的选取和加工已有了较为科学的总结，从《吴氏中馈录》《饮膳正要》等文献记载中可知，人们对烹饪原料的选用已不仅考虑到原料自身的特性及烹调过程中原料间的内在关系，而且也开始对原料的配用量重视起来。袁枚在其《随园食单·须知单》中首先讲的就是选料问题：“凡物各有先天，如人各有资禀”，“物性不良，虽易牙烹之，亦无味也”。作者明确指出：“大抵一席佳肴，司厨之功居其六，买办之功居其四。”这段文字实际上是总结了几代厨师的原料选用与搭配经验，意识到烹饪原料的选用是整个烹饪工艺过程之要害，烹饪产品是否能出美味，关键在于烹饪原料的选用。明代厨师已经能较为全面地掌握一般性原料，如牛、羊、猪、鸡、鱼等如何治净、如何分档取料等基本原理，如用生石灰加水释热以涨发熊掌等。清代厨师对山珍海味等干料的涨发、治净总结出了较为系统的经验，这在袁枚的《随园食单》一书中有具体载述。元代出现了“染面煎”的挂糊方法，即在原料外挂一层面糊后加以油煎。明清时期的厨师已经开始用多种植物淀粉进行勾芡。清代厨师用蛋清和淀粉挂糊上浆，这已与今天的挂糊上浆方法基本相同。明代的厨师已经普遍地掌握了吊汤技术。通过制作虾汁、蕈汁、笋汁等用以提味的方法已成为当时厨师的基本技能之一。

这一时期的刀工技术有了很大的提高。据《江行杂录》描述了宋代一个厨娘运刀切肉的情形：“据坐胡床，徐起切抹批脔，方正惯熟，条理精通，真有运斤成风之势。”足见此厨娘的刀工技术之精湛。这一时期的食雕水平也有很大提高。《武林旧事》载，在张俊献给高宗的御筵中，就有“雕花蜜煎”，共 12 个品种，书中虽未具体描绘这些食雕作品的精美程度，但既是御筵，其食雕水平自然是相当高的。元代厨师很重视菜肴中原料的雕刻，擅长运用刀工技术来美化原料。明代厨师已能将“鱼生”“细脍之为生，红肌白理，轻可吹起，薄如蝉翼，两两相比”。清代扬州的瓜雕堪称绝技，代表了这一时期最高的食品雕刻艺术。

最值得一提的是制熟工艺技术在这一时期有了很大发展。早在宋代，主要的烹调方法已经发展到 30 种以上，就“炒”的方法而论，已有生炒、熟炒、南炒、北炒之分。从《山家清供》的记载中可知，此时还出现了“涮”法，名菜“拨霞供”的基本方法与今天的涮羊肉无异。另从《居家必用事类全集》“煮诸般肉法”中可知，元代厨师已熟练掌握许多种煮肉之法。至明代时，制熟方法更是花样繁多。如《宋氏养生部》一书就收录了为数可观的食品加工方法，其中“猪”类菜肴的制熟方法就达 30 多种，而书中记载的酱烧、清烧、生爨、熟爨、酱烹、盐酒烹、盐酒烧等都是很有特色的制熟方法。到了清代，制熟工艺在继承中又有所发展，出现了爆炒等速熟法。值得一提的是清代厨师蒸法上的许多创新，如无需去鳞的清蒸鲥鱼，以蟹肉填入橙壳进而清蒸的蟹酿橙等，这都是对蒸法的改进。

在把握火候和调味方面，这一时期的厨师也颇有建树。《饮膳正要·料物性味》中记载元代的调味品已有近 30 种。明代厨师将火候以文、武这样颇有意味的字眼来形容。清代厨师将油温成色划作10层，以此判断油热程度，多次油烹的重油工艺已能熟练把握。宋元时期的厨师在烹调过程中已开始了复合味的调味方法。清代后期，厨师们将番茄酱和咖喱粉用于调味之中。至此，已出现姜豉、五香、麻辣、糖醋、椒盐等味型，今天烹饪调味工艺中大多数的味型都是在这一时期定型的。

菜点的造型艺术也大放异彩。像“假熊掌”“假羊眼羹”“假蚬子”等以“假”命名的菜肴皆以造型取胜。在南宋招待金国来使的国宴中，竟有“假圆鱼”“假鲨鱼”这样的造型菜。明代还出现了“假腊肉”“假火腿”等。

（三）地方菜的形成

各种地方风味餐馆日渐发展，进而在一些大城市中出现了“帮口”。来自各地的餐饮业经营者，为了在经营中能相互照应，自然结合成帮，从而使“帮口”具有行帮和地方风味的双重特性。他们联合起来，主持或者占领某一大城市的餐饮行业，形成独具特色的餐饮行业市场。早在三代时期，中国菜点的文化体系与流派已出现了黄河流域及长江流域之分。隋唐以后，又出现了岭南饮食文化流派、少数民族饮食文化流派和素食饮食文化流派。各地风味流派的形成，主要得助于一大批名店、名厨和名菜。宋代以后，市肆饮食文化流派已成气候，出现了北食、南食、川食、素食等不同风味的餐馆。至清代末年，地域性饮食文化流派已经形成，清人徐珂编撰的《清稗类钞》论述了有关当时地域性饮食文化流派的情况：“肴馔之有特色者，为京师、山东、四川、广东、福建、江宁、苏州、镇江、扬州、淮安。”目前所说的中国四大菜系，即长江下游地区的淮扬菜系、黄河流域的鲁菜系、珠江流域的粤菜系和长江中游地区的川菜系在这一时期已经发展成熟。除地域性饮食文化、少数民族饮食文化和市肆饮食文化外，这一时期的宫廷饮食文化、官府饮食文化也都走向成熟并基本定型，这正是中国饮食文化在其历史长河中发展积淀的结果。

（四）饮食消费状况空前繁荣

这一时期的饮食消费呈现出空前的繁荣景象。宋代的宴会不仅名目繁多，而且相当奢侈。倘若是皇上寿宴，仅进行服务和从事准备工作的就有数千人之多，场面盛况之极，难以言状。据《武林旧事》记载，南宋皇帝宋高宗銮驾出行驾临清河郡王张俊的府邸。张俊为此大摆宴席，史称“南宋御宴”。宴会从早到晚，分六个阶段进行，皇帝一人所享菜点达二百余道之多。当时的餐饮市场上已有了四司六局，专门经营民间喜庆宴会，采取统一指挥、分工合作的集团化生产方式。元代的宴会受蒙古族影响，菜点以蒙古风味为主。蒙古族人原以畜牧业为主，习嗜肉食，其中羊肉所占比重较大。宴饮出现了豪饮所用的巨型酒器——“酒海”。元延祐年间，宫廷饮膳太医忽思慧在其《饮膳正要·聚珍异馔》中就收录了回族、蒙古族等民族及印度等国菜点94种，比较全面地反映了元代在饮食消费面对各族传统饮食兼收并蓄、从善如流的特点。

明代人在饮食方面十分强调饮膳的时序性和节令食俗，重视南味。由于明代在北京定都始于永乐年间，皇帝朱棣是南方人，其嫔妃多来自江浙一带，南味菜点在明代宫廷中唱主角。自洪熙以后，北味在宫廷菜点中的比重渐增，羊肉成为宫中美味。明中叶后，御膳品种更加丰富，面食成为主食的重头戏，而且与前代相比，肉食类品种有所增加。

时至清代，人们的饮食消费水平又有了很大的提高。无论是官宴还是民宴，宴会都很注重等级、套路和命名。清宫中的烹调方法还特别重视“祖制”，许多菜肴在原料用量、配伍及烹制方法上都已程式化。奢侈靡费和强调礼数是历代宫廷生活的共同特点，清代宫廷或官府的饮食生活在这两个方面上表现得尤为突出。如在菜点上席的程序上，一般是酒水冷碟为先，热炒大菜为中，主食茶果为后，分别由主碟、座汤和首点统领。其中的“头菜”则决定着宴会的档次和规格。命名方法很多：或以数字命名的，如三套碗、十二钵等；或以头菜命名的，如燕窝席、熊掌席、鱼翅席等；或以意境韵味命名的，如混元大席、蝴蝶会等；或以地方特色命名的，如洛阳水席等。值得一提的是，这一时期的全席不仅发展成熟，而且出现了多样化的局面。在众多全席中，以全羊席和满汉全席最为有名。全羊席是蒙古族喜食的宴会，也是招待尊贵客人最为丰盛和最为讲究的一种传统宴席。席间肴馔百余种，皆

以羊肉为料，其中的头菜大烹整羊，是将羊羔按要求分头部、颈脊部、带左右三根肋条和连着尾巴的羊背及四条整羊腿，共分割成七块，入锅煮熟即起。用大方盘，先摆好前后四只整羊腿，再放一大块颈脊椎，然后在上面扣放带肋条及有羊尾的一块，最后摆羊头及羊肉，拼成整羊形，以象征吉利。而满汉全席是历史上最著名、影响最大的宴席，是从清代中叶兴起的一种规模盛大、程序繁杂、满汉饮食精粹合璧的筵席，又称为“满汉席”“满汉大席”“满汉燕翅烧烤席”。其基本格局包括红白烧烤，各类冷热菜肴、点心、蜜饯、瓜果以及茶酒等。后来又演变出了“新满汉席”“小满汉席”之类的名称。

（五）烹饪理论状况

在这一时期完整流传下来的烹饪文献中，影响较大的主要有宋代浦江吴氏的《中馈录》、林洪的《山家清供》、陈达叟的《本心斋蔬食谱》，元代忽思慧的《饮膳正要》、韩奕的《易牙遗意》、倪瓒的《云林堂饮食制度集》和元明之际贾铭的《饮食须知》，明代宋诩的《宋氏养生部》、宋公望的《宋氏养生部》、高濂的《饮馔服食笺》、张岱的《老饕集》等。清代出现的烹饪专著，数量可谓空前，主要有清初李渔的《闲情偶寄·饮馔部》、朱彝尊的《食宪鸿秘》、张英的《饭有十二合说》、李化楠著并由其子李调元整理刊印的《醒园录》、袁枚的《随园食单》、顾仲的《养小录》、曾懿的《中馈录》、王士雄的《随息居饮食谱》、薛宝辰的《素食说略》以及相传由盐商童岳荐编著的《调鼎集》等。这些烹饪专著中，既有总结前人烹饪理论方面的，又有饮食保健方面的，烹饪原料、器具、工艺、产品、饮食消费等包罗万象。这些文献都有不同程度的理论研究与概括，并形成了一个较为完善的体系，其中林洪的《山家清供》和袁枚的《随园食单》堪称杰作。

林洪，南宋晚期泉州晋江人，擅诗文，对园林、饮食也颇有研究，著有《山家清事》一卷和《山家清供》二卷，其著述常被后人引述。《山家清供》一书中著录了大量宋代泉州著名的菜谱，描述了山居人家清淡饮食的清雅韵致，多来自民间，如饭、羹、汤、饼、粥、糕、脯、肉、鸡、鱼、蟹等。用料尽管平常，但由于烹饪方法讲究、细致，可以称作当时民间生活的一幅风情画卷。许多菜肴别出心裁，独具一格，不仅可窥见当时烹饪水平，而且也成为珍贵的历史文献记载。

林洪书中还有不少第一次出现的饮食记载，如“酱油”一词，就因为见于《山家清供》而被认定起于宋代，当时作为调味品，已广泛地应用于烹调。在食谱中，他还特意记录了当时具有药用价值的食谱，比如萝菔面下称：“王医师承宣常捣萝菔汁搜面使饼，谓能去面毒。”而麦门冬煎，则是纯药物，其标目下称：“春秋采根去心，捣汁和蜜，以银器重汤煮熬，如饴为度，贮之磁器内，温酒化温服，滋益多益。”由此可见当时民间已经很注重食疗和养生。从林洪遗留下来的著作看，他在弘扬中国饮食文化

和民俗风情方面，是功不可没的。

《山家清供》广收博采，收录以山野所产的蔬菜（豆、菌、笋、野菜等）、水果（梨、橙、栗、杏、李等）、动物（鸡、鸭、羊、鱼、虾、蟹等）为主要原料的食品，记其名称、用料、烹制方法，行文间涉及掌故、诗文等。内容丰富，涉猎广泛。《山家清供》所记多为家常食品，材料易得，其作品示例如下。

“酥琼叶”，把琼叶蒸饼，薄薄地切成片，涂上蜂蜜或油，用火烤，然后放到纸上散散火气，食之松脆，能止痰化食。

“苍耳饭”，采苍耳嫩叶洗净，用姜、盐、苦酒拌成生菜，也可加米粉做成干粮，可治疗风疾，杜甫有“苍耳况疗风，童儿且时摘”的诗句。

“地黄馎饦”，就是用地黄捣汁和面做的面片，这种食品能驱治腹中寄生虫。

“蟹酿橙”，选黄熟的大橙子截去顶，剜掉肉瓤，留少许液汁，将蟹肉放进装满，再将顶盖上，放进盆里用酒醋水蒸熟，再加醋、盐拌食，有酒、香橙、螃蟹的风味，食之既香而鲜。

“拨霞供”，即涮兔肉法。林洪昔游武夷山，往访隐士时，曾获一兔，当时无厨师，他们便将兔肉切成薄片，用酒、酱、胡椒等腌一下，烧开半锅水后，用筷子夹肉片放到开水里，涮熟了吃。还有诗：“醉忆山中味，浑忘贵客来。”书中附注“猪羊皆可”，这说明南宋时已有涮猪、羊肉的历史了。

“槐叶淘”，即制作冷面。盛夏时采摘高处的青槐叶，捣汁和面，做成细面条，煮熟后，放进冷水浸泡，捞出后用酱、醋浇拌。这种冷面，清香而又爽口。杜甫曾盛赞此品“经齿冷于雪”，并说“君王纳凉晚，此味亦时须”。

“寒具”，是预制可以保存的食品，《齐民要术・饼法》中称之为细环饼。做法是，以蜜调水和面，搓成细条，扭作环形，类似麻花，用麻油煎成，食之油香酥脆。这种食品“可留月余，宜禁烟用”，是古代寒冷时节的节令食品，后来发展成为四季皆宜的食品。

袁枚，字子才，号简斋、随园老人，浙江钱塘人。乾隆四年进士，任翰林院庶学士，40 岁起即退隐于南京小仓山，筑“随园”，常以文酒会友，享盛誉数十年，是清代著名的文人、名士。《随园食单》是他 72 岁以后整理写成的一本烹饪专著。他在该书中兼收历代各家烹饪之经验，融汇各地饮食风味，以生动的比喻、雄辩的论述，对烹饪技术进行了具体的阐释。他从实践中提炼出理论，为中国烹饪理论著述的方法树立了一面格调鲜明的旗帜。《随园食单》有序和须知单、戒单、海鲜单、特牲单、江鲜单、杂牲单、羽族单、水族有鳞单、水族无鳞单、杂素菜单、小菜单、点心单、饭粥单、茶酒单等章。这部著作在中国饮食文化史上具有承前启后的作用，其中有许多论点足供今人借鉴。其主要特点如下。

一是注重原料选择。

袁枚认为“学问之道，先知后行，饮食亦然”。因此，他首先作“须知单”，指出“物性不良，虽易牙烹之，亦无味也”。他十分重视采买和选用食物原料的重要性：“大抵一席佳肴，司厨之功居其六，买办之功居其四。”这一观点无论是从营养角度还是从成品菜肴的食用价值来看，无疑都是正确的。

二是注重原料搭配。

袁枚提出了原料搭配的原则：“凡一物烹成必需辅佐。要使清者配清，浓者配浓，柔者配柔，刚者配刚，方有和合之妙……亦有交互见功者，炒荤菜用素油，炒素菜用荤油是也。”这种搭配的要求，不仅使滋味醇和，而且可使食物成分互补，达到更好的营养效果。袁枚十分重视作料的作用，他形象地比喻：“厨者之用料如妇人之衣服首饰也，虽有天姿，虽善涂抹，而敝衣褴褛，西子亦难以为容。”注重原料搭配的同时，他又提倡原料的本味、真味和独味，认为味太浓重的食物只能单独烹制，不可搭配，唯此才能发挥出它们的独特风味。他举例说，食物中的鳗鱼、鳖、蟹、鲥鱼、牛、羊等，都应单独烹制食用，因为它们味厚力大，足够成为一味菜肴，既然如此，为何要抛开它们的本味而别生枝节呢。

三是强调烹调诸要素的作用及相互制约的关系。

袁枚十分重视烹饪中的火候，他认为，当厨师的若能懂得火候，并在烹调过程中恰到好处地掌握，则基本掌握了烹调的主要规律。他写道：“熟物之法，最重火候。有须武火者，煎炒是也，火弱则物疲矣。有须文火者，煨煮是也，火猛则物枯矣。有先用武火而后用文火者，收汤之物是也；性急则皮焦而里不熟矣。”他指出了用火“三戒”：戒火猛、戒火停、戒揭锅。袁枚对于烹调中的调味也有独到的见解：“调味者，宁淡毋咸，淡可以加盐以救之，咸则不能使之再淡矣。烹鱼者，宁嫩毋老，嫩可以加火候以补之，老则不能强之再嫩矣。”火候与调味的目的是使菜肴色香味形俱全，以求至善至美。

四是主张破除陈规陋习，创造出符合实际需要的食物。

袁枚指出：“为政者兴一利，不如除一弊，能解除饮食之弊，则思过半矣。”所以《随园食单》中写了“戒单”，即烹饪饮食中应该禁忌的事项。如“戒目食”，袁枚认为目食就是力求以多为胜的虚名罢了，如今有人羡慕菜肴满桌，叠碗垒盘，这是用眼吃，不是用嘴吃。他还指出“戒耳餐”，指责那种片面追求食物名贵的做法就是“耳吃”。袁枚说，如果仅仅是为了炫耀富贵，不如就在碗中放上百粒明珠，岂不价值万金。

五是讲究装盘上菜及进食艺术。

袁枚十分重视器皿问题，并主张器皿要根据菜肴特点来选择。他说：“善治菜肴者，须多设锅灶盂钵之类，使一物各献一性，一物各成一碗。嗜者舌本应接不暇，自觉心花顿开。”他对盛器的主张是：“宜碗者碗，宜盘者盘，宜大者大，宜小者小，参错其间，方觉生色。若板板于十碗、八盘之说，便嫌笨俗。”他很重视上菜顺序和进食艺术，认为上菜方法，是先咸后淡，先浓后薄，先无汤后有汤。这是考虑到客人饱后，脾脏困倦，要用辛辣口味来增加食欲；酒多以后，肠胃胀懑，要用甜酸口味来开胃。这些无论是从生理角度还是从饮食角度，都可谓真知灼见。

总之，《随园食单》中记述的食品内容极为丰富。他记录了中国从 14 世纪到 18 世纪中叶这一历史时期流行的 326 种食品，从山珍海味到一粥一饭，几乎无所不包。袁枚对中国传统名菜、名点的制作，都有相当的研究。他在《随园食单》中提出讲究加工，讲究配料，讲究火候，讲究色香味形器，讲究上菜、进食次序等，将精微难言的鼎中之变，阐述得层次分明。

（六）中国药膳学形成

宋、辽、金、元时期医书的刊印条件因胶泥活字印刷而大大提高，这为药膳的发展起到了积极的推动作用。宋代唐慎微著的《证类本草》，后又增写成《重修政和经史证类备用本草》，共 30 卷，该书记述保存了以往古书中的有关食疗的佚文，主要有《食疗本草》《食性本草》《食医心镜》《孙贞人食

忌》。王怀隐著的《太平圣惠方》论述了28种病的药膳疗法，如牛乳治消渴病，鲍龟粥、黑豆粥治水肿，还有杏仁粥治咳嗽等。在这一时期内，出现了以药膳治疗老年病的专著，如陈直著的《奉亲养老书》中药膳方剂达162首。中国药膳发展至此，从食疗、食治发展到食补，已成为防治老年病和抗老益寿的专门学科。宋代官修大型方书《圣济总录》共200卷，载方剂20000余首。该书有药膳专论食治门。食治方中，有治疗诸风、伤寒后诸病、虚劳、吐血、消渴、腹痛、妇人血气、妊娠诸病、产后诸病以及耳病、目病等29种病症，共有药膳方剂285首。在药膳制法和剂型上，都有新的突破，不仅有药粥、药羹、药索、药饼，而且还有酒、散、饮、汁、煎、饼、面等制作方法。元代宫廷御医忽思慧所著的《饮膳正要》是一部药膳专著，介绍了药膳菜肴94种、汤类35种，有抗衰老药膳方剂29首，并记录了各种肉、果、菜、香料的性味和功能。该书的主要价值，还在于它阐述了许多关于饮食营养和健康的关系，如饮食卫生、养生避忌、妊娠食忌、乳母食忌、饮酒避忌、四时所宜、五味便走等，这些论述在古典医著实为少见。这个时期，还有海宁医士吴瑞所著《日用本草》，娄居中所著《食治通说》，郑樵所著《食鉴》等药膳专著。李汛为《日用本草》作序："夫本草曰日用者，摘其切于饮食者耳。"该书共11卷，类列各种食物计540余种，分为八门。娄居中在《食治通说》一书中说："食治则身治，此上工医未病之一术也。"

明清时期，许多轻工业，如印刷、造纸、纺织的发达促进了医药发展，对药膳的发展也起到了相当大的作用。李时珍所著《本草纲目》一书，总结了明代以前的药物学成就，是中国药物学、植物学等的宝贵遗产。全书共52卷，载药物达1892种，比《证类本草》增加了374种。该书对中国药膳学的发展起到重要作用，提供的水果、谷物、蔬菜达300多种，禽、兽、介、虫达400种。该书还记录了中国历代食疗的佚文，其中有孟诜的《食疗本草》、陈士良的《食性本草》、吴瑞的《日用本草》等，书中收载了许多食疗方剂，这些都是李时珍对药膳的极大贡献。明代徐春甫编著的《古今医统大全》一书，记载了药膳的烹制方法。吴禄辑的《食品集》一书，也是一部食疗专著，书中附录部分记载了有关饮食之宜忌，如五脏所补，五脏所伤，五脏所禁，五味所重，五谷以养五脏，以及食物禁忌，妊娠忌食等。清代沈李龙的《食物本草会纂》一书，总结了前人的许多食疗方剂，也是一部有参考价值的食疗专著。在这个时期与食疗有关的著作还有卢和的《食物本草》、汪颖的《食物本草》、宁原的《食鉴本草》、朱橚的《救荒本草》、高濂的《遵生八笺》、王孟英的《随息居饮食谱》、叶盛繁的《古今治验食物单方》、文晟的《本草饮食谱》、费伯雄的《食鉴本草》等。上述医膳专著，都记载了许多药膳方剂的功效、应用和制作方法，对促进中国药膳学的发展做出了重大贡献。

第四节 近现代中国烹饪

学习目标

1. 了解近现代中国烹饪趋于现代化的具体体现。
2. 能列举引进的烹饪原料和珍稀原料的品类。
3. 知晓近现代中国烹饪跨民族、跨地域的交流情况。

清朝灭亡，奏响了中国烹饪文化走进现代阶段的乐章。在这一阶段中，无论是烹饪实践还是理论研究，中国饮食文化都有飞跃性发展。中国烹饪文化以全新的姿态进入了创新开拓的新时代，走上了与世界各民族烹饪文化进行广泛交流的道路。以近现代科学思想指导烹饪实践和理论研究，运用现代科学技术改良、培育和人工生产烹饪原料新品种，并改进、发明烹饪生产工具，开辟新能源，为

烹饪原料的来源、烹饪物质要素的发展开辟新道路。风味流派体系在结构和内容上发生了不同于传统形式的改变和革新，烹饪教育培训、生产管理日趋科学化、社会化，现代烹饪文化经过数十年的努力已初步构成了全新的体系。

一、烹饪工具与烹饪方式趋于现代化

（一）烹饪工具现代化

近现代文明阶段的烹饪工具变化，集中表现在能源和设备上。就能源而言，木柴已退居次要地位，城市中主要使用的是煤、煤气、天然气，另外还有液化气、汽油、柴油、太阳能、电能等，部分农村已使用沼气。用这些能源制熟或加热食物，有省时、方便和卫生的特点。

就烹饪设备而言，炊餐电器已经普遍使用，品种繁多。如：用于加热的设备有电磁炉、微波炉、电子蒸烤箱等；用于制冷的设备有冷藏柜、保鲜陈列冰柜、浸水式冷饮柜等；用于切割加工的设备有切肉机、刨片机、绞肉机等。值得一提的是，中国现在已经出现了许多大型的厨房设备生产企业，可以生产出灶具、通风设备、调理设备、储藏设备、餐车、洗涤设备等300余个规格和品种的厨房设备。

（二）烹饪方式的现代化

现代食品工业是传统烹饪的派生物，是现代科学进入烹饪领域的结果，如今，中国食品工业已经形成比较完整的生产体系。至于烹饪生产方式的变化，主要表现在两个方面：一是餐馆、饭店中的某些烹饪工艺环节（如切割、制茸等）已出现了以机械代替厨师的手工操作；二是食品工业兴起，食品工厂能够生产火腿、月饼、香肠、饺子、包子、面条等传统手工制作的食品，既减轻了手工的繁重劳动，又使大批量食品的生产质量更加规范化和标准化。

二、烹饪原料的引进和珍稀原料的种植/养殖

（一）烹饪原料的引进和利用

在近现代文明阶段，由于自觉或不自觉地对外开放，尤其是近年来提倡优质高效农业，中国从世界各国引进了许多优质的烹饪原料。植物性原料主要有洋葱、菊苣、樱桃番茄、奶油生菜、西兰花、凤尾菇等；动物性原料主要有牛蛙、珍珠鸡、肉鸽、鸵鸟等。这些烹饪原料已在中国广泛种植或养殖，并用于烹饪之中。

（二）珍稀原料的种植和养殖

20世纪以来，人们曾在一个时期内毁林造田，滥砍滥伐，使得许多野生动植物濒临灭绝，生态环境遭受到严重破坏，于是又不得不对野生动植物进行加倍保护，国家还为此颁布了野生动植物保护条例。同时，科研人员利用先进的科学技术对一些珍稀动植物原料进行人工培植或养殖，并获得了成功。如今，人工培植成功的珍稀植物原料有猴头菇、银耳、竹荪、虫草及多种食用菌；人工饲养成功的珍稀动物原料有鲍鱼、牡蛎、刺参、湖蟹、对虾、鳜鱼、鳗鲡等。这些人工培育的珍稀原料的产量大大超过了其野生种的产量，能够满足更多食客的需求。

三、跨民族、跨地域交流频繁

（一）民族间的饮食文化交流

中国是一个多民族的国家，各民族之间的交流从未停止过。南北朝、唐、宋、元、明、清这些朝代，烹饪交流已很普遍。通过不断交流，汉族的烹饪影响了兄弟民族，而兄弟民族的烹饪也影响了汉族，促进了共同发展。到现代饮食文化阶段，民族之间的烹饪交流更加频繁。如今满族的“萨其玛”、维吾尔族的“烤羊肉串”，土家族的“米包子”，黎族与傣族的“竹筒饭”等品种，已成为各民族都认同和欢迎的食品，并且有了新的发展。如“萨其玛”已实现工业化生产；继“烤羊肉串”之后，出现了“烤鸡肉

串”“烤兔肉串”“烤各种海鲜串”等；“竹筒饭”及其系列品种“竹筒烤鱼”“竹筒乳鸽”等更在北京、四川、广东等地大显身手；信奉伊斯兰教的各民族之清真菜、清真小吃、清真糕点等，更是遍及中国各大中小城市。

（二）地区间的烹饪文化交流

由于交通日益发达、便捷，人员流动增大，地区间的饮食烹饪文化交流越来越频繁。在许多大中小城市林立的酒楼餐饮业馆中，既有当地的风味菜点，也有异地的风味菜点，而且还出现了相互交融与渗透的现象。可以说，地区间的饮食文化交流，加之改革开放后全国范围内进行的多次烹饪大赛，对提高中国烹饪的整体水平、缩小地区间烹饪技术的差别起到了巨大的推动作用，促进了中国饮食文化的发展。

（三）中外烹饪文化交流

20 世纪初，随着西方教会、使团、银行、商行的涌入，蛋糕、饮料、奶油、牛排、面包等西菜西点也进入了中国，并对中国饮食文化产生了很大的影响。近几十年来。随着改革开放的深入，西方的一些先进的厨房设施和简易的烹饪方式正在被中国人学习和借鉴。在食品方面，西式快餐、日本料理、泰国菜、韩国烧烤等异国风味竞相登陆，这不仅是对古老的中国饮食文化的挑战，更是中国饮食文化蓬勃发展的机遇。另外，中国饮食文化在海外的影响也越来越大，在遍布世界各地的 6000 多万中国侨民中，有不少人开中式餐馆谋生，传播着中国饮食文化。中国还不断派出烹饪专家和技术人员到国外讲学、表演，参加世界性的烹饪比赛，乃至合办中餐馆等，使海外更多人士了解中国饮食文化，喜爱中国菜点，促进了世界烹饪水平的整体提高。

习题

1. 中国烹饪的历史沿革可概括为哪四个历史阶段？
2. 中国烹饪在其历史形成期所创造的辉煌成就，表现在烹饪工具上主要是什么？
3. “凡味之本，水为之始”记载在哪一部文献中？
4. 简述《礼记・内则》记录的“周八珍”的烹调方法。
5. 隋唐时期从中国传入日本的烹饪饮食文化有哪些？
6. 中国烹饪在其历史发展时期，宗教文化的传入对中国饮食有哪两点重大促进？
7. 中国历史上出现的三次大批北方人为避战火而南下的历史事件是什么？
8. 最早记述火锅、最早出现酱油一词的是哪部文献？作者是谁？
9. 《随园食单》这部著作在中国饮食文化史上具有承前启后的作用，其主要特点是什么？
10. 近现代中国烹饪生产方式的变化，主要表现在哪两个方面？

第三章

中国烹饪的工艺

导学

中国烹饪工艺，是指从人的饮食需求出发，对烹饪原料进行处理，并按照食品卫生、营养和美感三要素统一控制，使菜点在满足安全、卫生的前提下达到营养与色香味形俱全的操作过程。

中国烹饪工艺的操作体系包括烹饪原料的预处理工艺、混合工艺、优化工艺、组配工艺、制熟工艺和成品造型工艺等。

中国烹饪工艺的基本特点是，注重原料搭配的科学理念，强调分档用料、一料多用的节约意识，精于刀工与火候的整体把握，具有表演性强的操作过程，主张以热为主的熟食风格，强调以味为核心的烹调效果，追求造型与色彩俱美的视觉感。

烹饪原料的预处理工艺分为选料工艺、植物原料摘剔工艺、粮食及添加性食用原料的拣选加工工艺、水产原料的清脏加工工艺、陆生动物原料的宰杀加工工艺、干制原料的涨发加工工艺和原料的分解加工工艺。

烹饪的混合工艺包括制馅工艺、制缔工艺和制面团工艺三部分。

烹饪的优化工艺具体包括调味工艺、致嫩与着衣工艺和着色与食雕工艺等。

烹饪的制熟工艺，分为加热制熟和非热制熟两种。

扫码看课件

第一节 中国烹饪工艺的技法特征

学习目标

1. 熟知中国烹饪工艺的操作体系。
2. 了解中国烹饪工艺的基本特点。

中国烹饪工艺，是指从人的饮食需求出发，对烹饪原料进行处理，并按照食品卫生、营养和美感三要素统一控制，使菜点在满足安全、卫生的前提下达到营养与色香味形俱全的操作过程。

从这个角度看，中国烹饪工艺以中国菜点制作工艺为研究对象，在卫生、安全的前提下，以手工艺加工为基本特征，以烹饪技法为核心，以菜点营养、美观、适口为标准，构成了中国烹饪工艺的内容组成与基本特点。

一、中国烹饪工艺的操作体系

烹饪工艺不同于工业化的食品工程，它是以手工艺为主体的更为复杂而丰富的技艺系统，它具有工艺流程多元化的个性和强烈的艺术表演性。因此，中国烹饪工艺的技法不仅丰富多彩，而且多种技法的组合构成了复杂而完整的富有逻辑性的烹饪工艺操作体系，具体如下。

Note

(1) 烹饪原料的预处理工艺　包括原料的选择、新鲜植物类原料的摘剔、粮食及添加剂原料的拣选、水生动物原料的清脏、陆生动物原料的宰杀、干制原料的涨发和大型动物原料的分解等。

(2) 混合工艺　包括制馅工艺、制缔工艺、制面团工艺等。

(3) 优化工艺　包括调味工艺、调香工艺、着色工艺、着衣工艺、致嫩工艺、食品雕刻工艺等。

(4) 组配工艺　包括单一食品组配、筵席食品组配等。

(5) 制熟工艺　包括预热加工工艺、油导热制熟工艺、水导热制熟工艺、固态介质导热制熟工艺、辐射与气态介质导热制熟工艺、非热加工制熟工艺等。

(6) 成品造型工艺　包括成品造型设计、成品造型加工、成品造型组配等。

二、中国烹饪工艺的基本特点

学习和研究中国烹饪工艺有别于世界其他国家和地区烹饪的特点,体验和了解中国烹饪工艺体系架构,有利于对中国烹饪技术与艺术的深层感悟,有利于对中国烹饪文化的整体把握。

中国烹饪工艺在长期的历史发展中,形成了如下特点。

(一) 注重原料搭配的科学理念

原料搭配的目的:一是平衡膳食,养生健身;二是制作出更为可口的菜肴;三是使色彩形态趋于美观。为此,菜肴烹调过程的原料搭配要强调以下三方面的问题。

一是荤素搭配。中国自古就强调一餐一席,荤素配合,"凡会膳食之宜,牛宜秫,羊宜黍,豕宜稷,犬宜粱,雁宜麦,鱼宜菰"(《周礼・天官冢宰・食医》)。在古代流传下来的菜谱中,相当数量的菜品是荤素原料搭配的。历史发展至今,随着人们饮食科学意识的不断加强,菜谱中荤素搭配的菜品所占比例越来越大。

二是四时搭配。在中国传统烹饪工艺中,一年四季的变化往往也成为原料搭配的重要依据。"脍,春用葱,秋用芥;豚,春用韭,秋用蓼"(《礼记・内则》)。现代科学研究成果表明,中国古代传承下来的按四季之变配料,是中国烹饪从业者在长期烹饪实践中的经验积累与智慧结晶,是对世界饮食科学的一个重要贡献。

三是性味搭配。中药学讲究性味,烹饪原料的搭配很强调性味,主要是为了追求菜品对食者的养生效果。配菜有"主料""辅料"和"调料"之别,但它们之间形成了一个协调互补的关系。性味搭配得当,就可提高菜品的养生价值。如人体本身需要酸碱平衡,肉类原料多呈酸性,蔬菜多为碱性,片面食用,超出机体耐受范围,必然引起疾病。

(二) 强调分档用料、一料多用的节约意识

中国自古以来强调以节俭为美,这在烹饪活动中表现得尤为突出。如用一头羊,通过分档取料的方法,合理切配加工,并采用多种烹调技法,就可以烹制出由十余款菜品组成的全羊席。又如人工养殖的长江鲟,其肉可烹制多种菜品;其皮可制成红烧鱼皮;其唇可制成白汁鱼唇;其骨可制成鱼脆果羹,也可通过雕刻美化而成工艺菜品玲珑鱼脆。一躯之料,调动一切烹调手段,可食者尽食,可用者尽用,绝不随意丢弃。

(三) 精于刀工与火候的整体把握

刀工是指运用刀具按一定的方法对食料进行切割的技能,火候是指烹制菜肴、面点时控制用火时间和火力大小的技能。刀工和火候都是烹饪工艺的基本功,也是整个烹调工艺流程中的重要技术环节。

自古以来,人们对刀工和火候就很重视。《论语・乡党》中的"脍不厌细""割不正,不食"之说,从客观上对厨师的刀工技艺提出了高要求。而《庄子》中提到的庖丁解牛游刃有余的故事也从侧面反映了当时刀工高手在刀工运用方面的高超技术。历史发展至今,刀工、刀法的名称已有二百种之多,这些刀法的产生适应了加热、造型、消化及文明饮食等需要。《论语・乡党》中"失饪,不食","饪"即

是熟的标准，是厨师把握火候的结果。《吕氏春秋·本味》中说："火为之纪，时疾时徐。灭腥去臊除膻，必以其胜，无失其理。"意即烹饪过程中要注意调节和把握火候，不能违背用火的道理。中国历史上曾以文火、武火、大火、小火、微火形容火力。烹调的菜肴不同，对火候的要求就不一样。在烹饪过程中，刀工和火候往往形成了一种互为关照的整合关系，厨师根据原料的特点，运用刀工技能，切制出相应的料形。料形不同，控制火候的方法也不一样，菜品的个性特点也就出现了相应的差别。

（四）具有表演性强的操作过程

中国烹饪方法变化多端，数不胜数的美味佳肴无不充分体现出中华民族饮食的精致美学风格，而各种烹饪技术的表现形态更是丰富多彩。如山西面食，不仅品种丰富，而且制作手法繁多，刀削面、大刀面、拨鱼面、抻面等制作的过程具有很强的观赏性。福州一带可以看到很多肉燕坊，两个厨师制作"肉燕"的方法就是面对面地以木锤肉，势如击鼓，节奏感强，常有路人过客闻声而至，驻足围观。而在餐馆酒楼的厨房里经常可以看到厨师切菜、翻勺、飞火等操作技艺，不仅体现出厨师高超的烹调技术，而且也展示了中国烹饪工艺操作表演性强的重要特征。

（五）主张以热为主的熟食风格

在中华民族饮食文化发展历程中，崇尚热食一直是中国人的饮食习惯和烹饪工艺特点。有关统计研究表明，在中国名菜中，热菜点占95%以上；在烹调工艺中，有85%的制熟方法为热食的需要而产生的；在筵席中，热菜点占85%以上；在日常饮食生活中，热食几乎占据了一日三餐的全部，趁热而食为中国烹饪工艺的运用确定了最高标准。据测试研究表明，现炒的菜品，其表面温度不低于80 ℃，炖、焖类菜品则要见沸食用，宁可吹气降温也不能温凉食用。在中国人看来，热食既可养胃，也可以通过热食在口腔里的自然降温过程，品尝食品最为充分的美味。

（六）强调以味为核心的烹调效果

就民族饮食审美个性而论，中华民族的美食标准就是菜点的色香味形之美，其中，味是菜点美的核心，而调味则是创造和体现菜点美的关键性技艺。调味在烹调技术中的地位，历史上早有定论，甚至超出了烹饪技术的范围，常被历史上政治家、哲学家们借用，以说明他们的治国主张或哲学立论。如《左传》昭公二十年载，晏婴在阐述"和与同异"的观点时，先是论说一番烹饪调味之道，然后借此道理再推论君臣之间应如调味一样不断地调整彼此关系，以达到和谐治国的效果。实际上，烹饪所追求的一般效果就是美味，"鼎中之变，精妙微纤"，说的也就是味的变化。这种味的变化通过人的感受，便是味觉的变化。菜品烹饪的成败，有各种条件和因素。水、火、炊具、原料等都是不可缺少的条件。用水、用火、用器、用料、切配等因素，都有各自的技术要求，哪一环失误都会影响菜品达到预期效果。然而，就各种烹饪技术的关系而论，调味则是决定菜品成败的关键。

（七）追求造型与色彩俱美的视觉感受

造型与色彩是中国烹饪菜点给人以视觉享受的重要表现形态。

菜点的造型艺术，首先必须是可食的，再经过严格的艺术构思和加工，制成完美的形象，因此它既有可食性，又有技术性和观赏性。中国菜点的造型，因主题需要和价格等因素，或细腻精致，或简易大方，讲究原料美、技术美、形态美和意趣美。这也是菜点造型构成整体艺术美的主要因素。在制作这类造型菜肴时，不能为形式而形式，而要同菜肴整体风格一致。一是造型设计要合理，不能勉强凑合；二是不能影响甚至破坏整体菜肴的口味质量，要尽可能服从和补充菜肴的口味。

色彩对菜肴的作用主要有两个方面，一是增进食欲，二是赏心悦目。如红色是成熟和味美的标志，在菜点中红色能给人强烈、鲜明、浓厚的感觉，使人产生快感、兴奋感，从而激发食欲。有相当一部分原料烹调后呈现出悦目的红色，也有相当一部分美味菜肴是红色或者接近红色的。另外，菜点的色彩很强调鲜明与和谐。鲜明是指在菜肴的配色上运用对比的方法，形成色彩上的反差，也就是所谓的"逆色"。在嫩白的鱼丝中点缀红辣椒丝或者黑木耳，在红色的樱桃肉四周围上碧绿的豆苗，

都是为了使菜肴的色彩感更加鲜明生动。民间的“豆腐花”虽然是十分简单的小吃，但在色彩的运用上却达到了完美无缺的地步，雪白的豆花里加上翠绿的葱末、红色的辣椒、黄色的虾皮、紫色的紫菜和褐色的酱油等，不仅五味俱全，而且五色鲜明悦目。和谐是指菜肴的色彩和谐统一，也就是配菜时运用“顺色”，将相近颜色的原辅料配在一起，来达到菜肴整体色彩上的协调雅致。例如，“松子鱼米”中的松子和鱼米，“银芽鸡丝”中的绿豆芽和鸡丝，“炒两冬”中的冬笋和开洋，“蜜汁火方”中的蜜枣和火腿等。“顺色”的菜肴在色彩上不张扬、不浮华，给人含蓄、沉稳、和谐的感觉。

第二节 中国烹饪的原料预处理工艺

学习目标

1. 熟悉烹饪原料预处理工艺的各个门类。
2. 了解各门类烹饪原料预处理工艺的加工目的和加工方法。

一、选料工艺

（一）选料的目的与意义

烹饪原料的品质是决定烹饪成品质量的前提。原料的选择，其目的是为特定的烹调方法提供优质材料，为优质的菜点提供物质保障。正确选择烹饪原料，具有如下重要意义。

一是提供食品安全的保障。按照《食品卫生法》的有关规定，选择无毒、无污染、无霉烂、无腐败变质现象的新鲜或干制食物原料作为加工对象，确保人的生命安全和身体健康。

二是提供合理的营养。按照营养学的有关原理，根据各种原料所含营养成分以及进餐者的营养需要情况，合理地选用原料，还需要根据各种原料营养成分在加工中的变化情况进行选择，保存营养成分。

三是充分表现风味特点。应分级先用与烹饪方法适应最佳的原料，充分表现出原料的品质优点，通过制熟加工能使原料在多层面给人以味觉、嗅觉、触觉和温觉以及色泽、形状方面的最佳综合感受，有物尽其美的意义。

（二）选料的基本方法

原料选择常用的有理化鉴定法和感官鉴定法。在烹饪工艺中，通常采用的是感官鉴定法，即运用听觉、视觉、味觉和触觉对原料进行综合审定。一般来说，对烹饪原料的选择注意生长期的分级使用、品种的分级使用、不同部位的分级使用、个体形态的分级使用、经济价值的分级使用等。

二、植物原料摘剔工艺

（一）加工目的

摘剔植物原料的目的：去除不能食用的根、叶、皮、筋、籽核、内瓤、壳、虫眼等杂质，清洗泥沙、虫卵及残存的农药、化肥和其他污染物质，修整料体，使之清洁、精净、光滑、美观，达到基本符合制熟加工的各项标准，为下一步加工打基础。

（二）加工方法

植物原料的不同形态是摘剔加工方法实施的依据。摘剔加工的主要方法有摘、敲、剥、削、撕、刨、刮、剜等。

在植物原料中，以去皮方法较为复杂，有些加工方法比较特殊，如：碱液去皮法，就是把原料放在一定浓度和温度的碱溶液中，利用碱的腐蚀性，将原料表皮与果肉间的果胶物质腐蚀溶解，从而使果皮脱落的方法；油炸去皮法，就是把原料投放在热油中烹炸，使外皮卷曲脱水，然后搓揉去皮的方法；沸烫去皮法，就是将原料投入沸水中略烫，使表皮突然受热凝固，与果体出现分离，然后撕除外皮的方法。

三、粮食及添加性食用原料的拣选工艺

（一）加工目的

在烹饪过程中，对粮食及添加性食用原料的加工目的，是为了去除其中的霉变、风化、污染部分以及泥沙、草屑等杂质。将块状原料碾碎，将受潮原料烘干过筛，将混浊之液体澄淀、过滤、炼制等。为主食及添加性食用原料提供纯净、卫生、方便、安全的可食性原料。

（二）加工方法

一为分拣法。将原料铺于案面，分别拣选出次品、杂质与正品。此法适用于花生仁、玉米等颗粒较大的原料。

二为播扬法。将原料置于簸箕中，顺风向扬起，让较轻的壳屑、尘土随风吹去，较重的泥块沉于底面，拣出中间的正品。此法适用于红豆、芝麻等较小颗粒原料的加工。

三为过筛法。将原料置于细目筛中，通过揉擦晃动，使细粉从筛目中漏下，拣去杂质。此法适于米、面粉等原料的加工。

四为碾压法。用重物或专用碾槽、碾筒将块结的添加剂压碎成粉，以便烹饪。此法适用于对碱块、矾块等块状添加性食用原料的加工。

五为溶解法。按一定比例，用水将浓度较高的可溶性结晶粉末原料溶解，以便烹饪。此法适用于碱、矾、味精等的加工。

六为过滤法。将混浊液体注入筛箩，使液体部分漏下，让固体絮状杂质留下。此法适用于酱油、醋等液态原料的加工。

七为炼制法。将油脂加热，去除油腥味及油沫的加工方法。

四、水产原料的清脏工艺

（一）加工目的

用于烹饪的水产原料品种复杂，形态各异，组织结构与可食性也各不相同，因此，对其清脏加工具有一定的技术难度。加工的目的是为制熟加工提供纯净的清洁卫生的合格原料。水产原料中往往有较多不易去除的黏液、血渍。在清脏过程中必须彻底地将其清除，尽可能消除腥异味，尤其是无鳞类水产原料，由于这类原料富含黏液，故应增强去液、除腥的加工力度。

（二）加工方法

鱼的清脏加工一般是刮鳞、去鳃、清除内脏、修鳍、洗涤。

刮鳞，须用刀或特制的耙，从鱼尾至头逆鱼鳞生长方向刮去鳞。此法专指对骨质鳞片的去除。脂质鳞则不必去除，对有沙的鱼和无鳞鱼没有此项加工，但另有褪沙、剥皮、泡烫等方法。

去鳃，要去掉的是鳃片和鳃耙，有的还要去掉咽齿，但鳃盖不必去掉。去鳃时，必须剪断鳃弓两端，然后取出。鳃耙有刺，易割破手指，并由于用力不均而易折断鳃耙，造成鳃片残留而影响质量，故不宜用手拉取鱼鳃。

清除内脏，将内脏从鱼体腔内取出，一般有脊出法、腹出法和鳃出法三种。这三种方法需根据具体烹饪要求而选用。

修鳍，将清理过内脏的鱼进行整形，主要是将鱼鳍裁齐，使鱼体显得美观。方法是用刀剁去鳍尖，尾鳍呈剪刀形。修鳍后洗净即可。

其他水产原料，各有不同的清脏加工方法。

甲鱼的加工方法：将甲鱼腹朝上，待头伸出即从颈根处斩断气管、血管。将其置于 70～80 ℃热水中浸烫 2～5 分钟，待皮膜凝固与鳖甲分离时取出，浸入 50 ℃温水中，以小刀将背甲与鳖裙轻轻分割开，取下背甲。然后清理内脏。先整取鳖卵，再取其他脏器。去掉膀胱、尿肠、气管、食管、胃和腹腔中的黄油。甲鱼的其他内脏，包括心、肝、胆、卵巢、肾都可食用。宰杀甲鱼应注意务必放干净血；浸烫要勤观察，防止烫得过度；刮皮、膜务必将颈、爪部皆刮净，开壳应保持鳖裙的完整。

蛙的加工方法：摔死，从颌部向下撕去皮，用刀竖向割开蛙腹，整理内脏。仅保留肝、脾、胰以及油脂，蛙的肠、胃、肺、胆、膀胱等一概去除，剪去蛙头、蹼趾，洗净待用。

虾的加工方法：按顺序剪去额剑、眼、触角、颚足和步足，大虾还需剔去食胃与沙肠，洗净。

螃蟹的加工方法：先将其静养于清水中，令其吐出泥沙，然后用软毛刷刷净骨缝的残存污物，最后挑起腹脐，挤出粪便。

田螺的加工方法：先将田螺静养于清水三日，使其吐尽泥沙，然后置于 1％碱溶液中刷净壳层泥垢，洗净，可用于制熟挑食；若要吸食，则需钳断壳尾三层螺旋。螺肉富含黏液，须用盐搓洗干净，头部厣盖须去除。

蚌的加工方法：以薄形小刀插入前缘两壳结合处，向两侧移动，割开前、后闭壳肌，然后贴上下壳内侧剜出软体，摘去鳃瓣与肠胃，用少量盐水洗涤。

墨鱼的加工方法：去除皮膜、眼、吸盘、唾液腺（有毒）、胃、育囊、胰脏、墨囊、肾囊、羽状鳃、直肠和肛门、食道等，洗净。

五、陆生动物原料的宰杀工艺

（一）加工目的

对陆生动物原料的宰杀加工，是将其活体杀死，并去除体外毛、羽等，清除体腔血渍、黏液及其他杂质，整理内脏并加工成所需形状，为制熟加工提供能直接使用的原料。

（二）加工方法

家畜主要指牛、羊、猪、狗、兔等。宰杀家畜需遵循一定的基本程序。

一是放血。应割断气管与颈动脉，大型动物还应用尖刀刺破心腔，务必在较短时间内使之气绝、血尽。

二是褪毛与剥皮。将放血后的动物胴体置于 70～80 ℃热水中浸烫，然后用刮刀从后至前，先躯干后附肢，刮去毛和表皮，脱去趾壳。如剥皮，则由下颌部中线剖开皮层，从头向尾，由腹至背割开皮与肌肉的连接。

三是开膛。一般从家畜腹部中线开膛，从胸部到肛门。然后按顺序摘下体腔中的脏器和管道，割去淋巴。

四是开片。内脏取出后，大型动物如猪、牛、羊等，先卸下头、尾和爪，再从背脊椎骨中剖开，使之成为片料，以便进行下一步的分解拆卸加工。若小型动物如兔、刺猬、狸等，异味较重，则需浸漂于清水，以淡化异味。

五是对脏器及附肢进行整理，以符合使用的卫生标准和料形，以及做菜的风味要求。

家禽的宰杀加工对象主要指鸡、鸭、鹅、鹌鹑、家鸽等，加工程序是放血、褪毛、开膛、整理和洗涤。以鸡为例进一步说明如下。

一是放血。左手握住鸡翅膀，伸出小手指钩住鸡右腿；将鸡头向脊弯曲，左手拇指、食指紧捏住喉部后端，使气管、颈脉血管在枢椎处前突，摘去喉结毛；右手持刀，用刀尖割断气管、食管，刀口应如

黄豆般大小；放刀，右手捏住鸡头向下，左手将鸡体上抬，使血液流入碗中（碗中放少量盐水，水温30 ℃），血放尽后，将血水搅匀。小型家禽可采用闷死、摔死、淹死等方法。

二是褪毛。有湿褪和干褪两种方法。将鸡浸烫后去毛称"湿褪"，烫透后应先脱去鸡喙外壳，再从头、颈、脯、腿、脊、翅、尾顺次褪去羽毛，浸烫老鸡的水温宜为85～95 ℃，浸烫小鸡的水温宜为70～80 ℃。不经浸烫，直接从动物体去除羽毛称"干褪"，顺序是先胸脯，后脊背，再颈头，逆向逐层褪毛，一些小型禽类适合此法。

三是开膛。依据菜品的烹饪要求，有腹开、脊开和肋开三种开膛方法。腹开，即从禽腹肛门上端竖切开3～4厘米，伸出三指，先勾断肛门上端肠段，再将肠、卵、肝、心、肫、嗉囊、食管逐一取出，最后从胸腔上挖出肺与气管。脊开，即沿尾椎至一侧，剖开食腔，取出脏器，剖时刀口延伸不宜太过，防止割破脏器。肋开，即在肱骨下端肋间横割2～3厘米刀口，取出内脏。

四是整理和洗涤。在去除鸡的气管、食管、嗉囊、胆、肺后，留取并整理心、肝、肾、肫、肠、睾丸卵和脂肪等。其中，心要剖开洗净待用；肝要摘去胆囊后洗净待用；肫要剥去角质膜后洗净待用；肾与睾丸只需洗净待用。

六、干制原料的涨发工艺

（一）加工目的

为了贮藏、运输或形成某种风味的需要，运用日晒、风吹、烘烤、灰炝等方法加工，使新鲜食物原料脱水干燥而制成的干制品，称为干制原料。常见的有鱼翅、鱼唇、鳖裙鱼皮、鱼肚、干贝、鱿鱼、鲍鱼、海参、猪皮、蛇干、驼峰等。由于干制原料不能直接用于菜点的烹制，因而必须先行涨发加工。

涨发加工就是运用水、油、盐作为介质或溶剂，通过对干制原料加热或不加热，使之重新吸收水分，最大限度地恢复原有的鲜嫩、松软状态，去除腥臊异味和杂质的加工方法。

（二）加工方法

（1）水发：以水为助发溶剂，直接将干制原料浸润至膨胀、松软、柔嫩的涨发方法的统称。依据在涨发过程中对温度的控制可分为温水浸发和热水浸发。

（2）油发：将干制原料置于油中，加热蒸发物体内的水分，形成空洞结构而使其膨松涨大的方法。具有丰富胶原蛋白质的皮、腱等，品性干燥，如猪皮、蹄筋、鱼鳔等适用油发。油的沸点高，利用油的高温，能使干制原料结构中的水分汽化膨胀，形成气室，致使胶体失去凝胶作用而脆化，产生完全与水发不同的品质与结构特征。油发的一般程序是：烘干→蕴发→炸发→浸漂。

（3）盐发：将干制原料置于加热的盐中，经过翻动焐制，使料体受热，逐渐变得膨胀松脆的涨发方法。盐发需用大颗粒结晶食盐，凡适用于油发的干制原料皆可盐发。盐发的程序是：盐预热→焐发→炒发→浸漂。

（4）混合涨发：将两种以上不同性质的介质用于对同一种干制原料的涨发方法。这是诞生历史不久的新工艺，目前仅限于对蹄筋、鱼肚等少数原料的加工，各地在实际使用上又有一定的差异。其主要有两种加工程序：一种是，炸→碱溶液发→焖发→浸漂；另一种是，油焐→煮发→碱液浸发→泡发→浸漂。

七、原料的分解工艺

（一）加工目的

分解加工，是指对烹饪原料按照菜点制作标准进行有规则的分割，使之成为满足烹饪和饮食需要的更小单位和部件。

分解加工工艺在烹饪工艺体系中有重要的作用。通过对烹饪原料的分解加工，原料由整体单一变成复杂多样，由大变小，由厚变薄，由粗变细，由糙变精，从而缩短了成熟时间，方便入味，利于咀嚼

和消化，在一定程度上满足了人们在饮食活动中的审美需求。

（二）加工方法

分解工艺的主要类别有拆卸切割、刀工、剞花等。

拆卸切割，就是依据原料的组织结构，将整形原料拆卸切割成相对独立的更小单位，以便分别使用的加工过程。拆卸切割加工方法的实施，以烹饪原料各个部位不同品质特征为依据。拆卸切割加工的主要对象是较大型的动物原料，如猪、牛、羊、鸡、鸭、鹅等。拆卸切割加工的程序是：分档→出骨→取料。

分档是依据烹饪原料的身躯器官结构特征，将其分割成相对完整的更小部件档位，方便出骨。以猪为例，通常将其一半分为三个档位，即前肢档位（包括头、颈、肩胛、上脑、前蹄和前爪，由第七胸肋、椎处分离）、身肢档位（包括通脊、肋条、奶脯，由第五腰椎分离）和后肢档位（包括臀尖、坐臀、外档、后蹄、爪和尾）。

出骨是依据烹饪原料的骨骼、肌肉的组织结构，将其骨与肉分离为两个部分。一般采用分档出骨的方法，有些禽类、鱼类原料，还可采取整料出骨的办法，以保持原料外形的完美。

取料是依据烹饪原料的风味品质特征，从各个部位分别留取适用于烹饪需求的部分，为菜点提供最佳的原料。

刀工是指运用刀具对食料进行切割的加工方法。

从清理到拆卸，都离不开刀工，如对鸡的宰杀、对猪的分解等都是通过刀工实现的。然而，这里所指的刀工，其主要作用是对完整的烹饪原料分解切割，使之成为组配菜点所需要的基本料形。原料切割成一定形状以后，不仅具有一定的审美价值，更为制熟加工提供了方便。

在刀工工艺中，主要工具是刀具和菜墩。中式厨房有各种用途的刀具，其中以方刀最为典型，也最为常用，此外，还有马头刀、圆头刀、尖头刀、斧形刀、片子刀等。锋利的刀具，是使原料光滑、完整、美观的重要保证，也是使刀工操作达到多快好省效果的条件之一。刀锋的锐利，是通过磨刀和科学保养来实现的。

菜墩，一般选用橄榄树、银杏和榆树等制作。制墩应选取外皮完整、不空、不烂、无疤结、墩面淡青的材料。每次用后应刮净墩面，防止凹凸不平，影响刀工的进行。禁忌在墩面硬砍硬剁，造成墩面的损坏。

刀工操作讲究刀法。刀法是指原料切割的具体运刀方法。依据刀刃与原料的接触角度，有平刀法、斜刀法、直刀法和其他刀法四种类型。

平刀法，是刀刃运行与原料保持水平的刀法。所成料形平滑、宽阔而扁薄。依据用力方向，平刀法有平批、推批、拉批、锯批、波浪批和旋料批诸法。

斜刀法，是刀刃运行与原料保持锐（钝）角的方法。所成料形具有一定坡度，平窄扁薄，故行业中叫“斜批”或“斜片”。依据运刀时左侧的锐（钝）角度，斜刀法有正斜刀和反斜刀之分。

直刀法，是刀刃运行与原料保持直角的刀法。直上直下，成形原料精细，平整统一，所以行业中叫“切”或“剁”。直刀法在刀法中最为复杂，也最为重要。依据用力程度，可分为切、剁、排三类。

其他刀法，是平刀法、斜刀法、直刀法之外的并非常用的刀法。绝大多数属于不成形刀法，一般作为辅助性刀法使用。这些刀法有削、剔、刮、塌、拍、撬、剜、割、剐、铲、敲和吞刀等，虽然能使原料成形，但由于受原料的局限而使用较少。

料形，指构成菜肴的各种基本原料形状。中式烹饪基本料形有块、段、片、条、丝、丁、粒、末、茸（泥）九大形状。

块，是在一定程度上呈方体的料形，由切、剁、撬和斜刀法产生。块具有许多不同的形态，常用的有方块、长方块、菱形块、三角块、瓦形块、劈柴块等。酱方、松子肉、东坡肉、八宝冬瓜、清滋排骨、熘瓦块鱼等菜品多以块进行原料加工。

段，是指将柱形原料横截成自然小节。保持原来物体的宽度是段的主要特征，如鱼段的宽度可超过长度。在刀法的运用中，段可以用直刀法和斜刀法产生，因此，在形态上，段可以分为直刀段和斜刀段。如鱼段、葱段、山药段等都是以段成形的。

片，是具有扁、薄、平形态特征的原料。运用平刀法、直刀法和斜刀法皆可取片，片形最为复杂多样，依据不同刀法的运用分平刀片、直刀片和斜刀片三种基本类型。锅贴鱼、灯影牛肉等菜品多以片进行原料加工。

条与丝，是将片形原料切成细长形，条比丝粗，截面呈正方形。片是条与丝的基础，只有保证片的平整均匀，才能确保条或丝的细致美观。煮干丝、鱼香肉丝等菜品都是以丝、条进行原料加工的。

丁，是从条状原料上截下的立方体料形。所成菜品有瓜姜鱼米豆、五丁虾仁等。

粒或末，是从丝状原料上截下的立方体料形。所成菜品有松子鱼末、滑炒鸽松等。

茸(泥)，即料形的最小形式，由剁、刮、揭等刀法产生，传统上称动物原料为茸，植物原料为泥。茸(泥)是制缔的专门料形，扬州狮子头、芙蓉鱼片等菜品都是以此料形作为原料加工基础的。

剞花是在原料的表面切割出某种图案条纹，使其受热收缩或卷曲成花形。剞花是刀工的特殊内容，具有强烈的形式美特点，其主要目的是缩短成熟时间，使热渗透均衡，达到原料内外老嫩成熟的一致性。对有些原料，剞花刀工扩大了原料体表的面积，有利于味的渗透，便于短时间散发异味，并有利于对卤汁的裹附。有时通过剞花，可使原料制熟后的形态更加美观。

剞花过程，大多是平刀法、直刀法、斜刀法的综合运用，所以有人亦称之为混合刀法。剞花的基本刀法是直剞、斜剞和平剞。

直剞，即运用直刀法在原料表面切割具有一定深度刀纹的方法，适用于较厚原料。直剞条纹短于原料本身的厚度，呈放射状，挺拔有力。

斜剞，即运用斜刀法在原料表面切割具有一定深度刀纹的方法，适用于稍薄的原料。斜剞条纹短于原料本身的厚度，层层递进相叠，呈披覆之鳞毛状，有正斜剞和反斜剞之分。

平剞，即运用平刀法将原料横纵呈相连状的方法，适用于小块的原料。平剞条纹最长，呈放射的菊花瓣状。

剞花刀法是正常分解的特殊形式，并非单纯的装饰美化加工，同时具有复杂的刀纹艺术表现。所以剞花形态变化很多，主要有麦穗花刀、卷筒花刀、荔枝花刀、绣球花刀、蓑衣花刀、菊花花刀、鳞毛花刀、竹节花刀、秋叶花刀、波浪花刀、蚌纹花刀、瓦楞花刀等。

第三节 中国烹饪的混合工艺

学习目标

1. 熟悉烹饪混合工艺的概念和作用。
2. 了解制馅的作用、馅心的种类与特征以及馅心的一般应用规律。
3. 了解缔子的作用、缔子的种类以及缔子的加工流程。
4. 了解面团的种类及其加工流程与方法。

将两种以上食物原料合置形成一种新型原料的加工，就是混合工艺。

混合工艺的作用是为菜点提供新型的混合型原料。在烹饪工艺中，混合工艺具有特殊的地位，混合型原料被广泛地运用于烹饪产品之中。如芙蓉鱼片、四喜虾糕、狗不理包子、蟹肉蒸饺等菜点，

都是使用混合型原料的结果。混合工艺能大大提高原料的使用程度，为菜点制作开拓了广阔的领域，为丰富菜点品种、提高菜点的风味品质与营养价值起到了重要的作用。

混合工艺包括制馅工艺、制缔工艺和制面团工艺三部分内容。

一、制馅工艺

（一）制馅的作用

一般而论，馅心调味有生制时调味和加热制熟时调味两种方法，馅心通常由多种原料混合而成，具有一定的规格比例和独特的风味。馅心是形成许多菜点特色的重要因素。

馅心在菜点中的作用：突出表现菜点品种的风味特征，增进食物原料间的优势互补，形成菜点品种的重要变化。

（二）馅心的种类与特征

常用的定型馅心种类如下：一是在口味的侧重性方面，有咸、甜两类；二是在原料性质方面，有荤、素和混合三类；三是在制熟方法上，有生制和熟制两类；四是在基本料形方面，有糜、缔、丁、浆四类。

菜肴和点心都可能会使用馅心，但在实践中不难发现，菜点所用的馅心存在着一定的区别。

菜肴的馅心一般用以衬托、渲染、补充菜肴主体，因此多不作为主料而作为辅料。菜肴馅心除了有生、熟制馅的形式外，还有些无需制馅过程的馅心，如桃仁鸡卷一菜，其中的核桃仁直接取用炸熟的桃仁。动物性茸缔馅心在菜肴中须具备较强的黏接作用。菜肴的馅心在浓郁的风味特征上虽很重要，但比之点心则为次要，内馅并不能决定菜肴的主流风味，主流风味取决于整体菜肴。

点心馅心的调味在点心中起着主导作用。除一些大众快餐食品外，馅心的比重往往要大于面皮。点心馅心一般不直接取用未经制馅过程的原料，注重掺冻、打水、加油。点心的最终风味形成，除了馅心材质差异和馅心制作方法的差异外，基本是来自馅心的口味差异。

二、馅心的一般应用规律

（一）馅心的对应规律

馅心是对应菜点的需要而产生的，不同的菜点对馅心的要求也不相同。一般来说，具备密封结构的菜点对馅心的卤性要求较高，具备致密性的外皮，要求成熟馅渗出汁较多，如汤包、葫芦鸭等。具备开放性结构的菜点则要求馅心黏着性要强，如笋卷、夹沙年糕等。外皮具备渗透性质的菜点则要求馅心的固形性要好。大型菜点馅心形态可以相对粗放些，小型菜点馅心则一定要细腻。

（二）料形应用规律

馅心被包裹在菜点生坯内部，加热时应与外皮同时成熟，因此视具体菜点的需要而决定粒型的大小。过细的馅心在老韧性外坯中，易产生皮熟馅老而失味的结果，反之过粗的馅心在细嫩的外坯里则容易产生馅熟皮烂或者皮熟馅生的结果。一些有馅的菜点制作失败的原因正是忽视了这一规律。

（三）制馅工艺的应用规律

制生馅时，菜馅既要保持鲜、脆、嫩，又不能因汤卤过多而难以成形，因此：生菜馅必须盐涤排水，再拌猪油以增黏；生肉馅则要采用近似于制缔的方法使之保水保嫩，并通过打水或掺冻实现馅心鲜嫩卤多的效果；熟制馅一般用焯、炒、烩、拌的综合方法，实现既鲜香入味又排除生熟不均的缺陷。

（四）馅心的调味规律

一般而论，菜点的馅心应做到既有突出的风味，但又不影响整体效果的表达。点心是单独食用的，总体咸味应小于菜肴，但内馅咸味应与正常咸味相等，菜肴内馅口味应相对弱于菜肴正常口味，

否则加上菜肴整体正常口味则会产生过咸或过重的不良效果。

三、制缔工艺

（一）缔子的概念和作用

缔子是将食物原料粉碎成粒、米、茸、泥形态后，加水、蛋、盐、淀粉搅拌混合制成的黏稠状复合型食料。

缔子在菜点制作中具有如下作用。

一是作为连接性原料。缔子是制作酿、卷、包等菜品的重要原料，如酿冬菇、百花鱼肚等。

二是作为直接使用的原料，缔子是制作各种茸泥菜肴的基础。如油虾丸、芙蓉鱼片、清炖蟹粉狮子头等名菜，都是用缔子单独制作的。

三是用作一些菜点的馅心原料。在菜肴制作中，缔子被广泛地运用着，从而产生了专门的一类菜——缔子菜，缔子菜丰富了菜肴品种，开辟了菜肴制作的又一途径，通过对缔子的制作，原料得到充分利用，形成特殊的风味效果。

（二）缔子的种类

依据用料性质，有鸡、鱼、虾、猪肉、牛肉、羊肉、豆腐等单一型缔子和将两种以上主料复合使用的混合型缔子，例如鸡与虾、鱼与猪肉、鱼与羊肉、豆腐与鱼肉等。

依据缔料形态结构，缔子可分为粗茸缔和细茸缔两类。

依据调和液态的不同品质，缔子可分为水调缔、蛋浆调缔、蛋泡调缔以及羹汤调缔四类。

依据缔子成品的弹性硬度，缔子可分为硬质缔、软质缔与嫩质缔三类。

（三）缔子的加工流程

缔子的加工流程一般为：修整清理→破碎→搅拌→稀释→增凝→定味。

修整清理，即对所用原料进行去粗取精和洗漂的加工。破碎，即通过绞肉机、粉碎机或切、刮、剁等刀工操作，将块状原料加工成碎小颗粒或茸泥状。茸料制成后，还需要加盐，使茸内蛋白质溶出而黏稠，掺水以达到特定的持水嫩度，掺粉浆可增强黏弹性，填料与定味的目的是满足特定品种的口味、口感和色彩标准，而这一切都是靠搅拌实现的。搅拌，是将调料、辅料和填料置于容器中，运用翻拌、滚揉、旋绞等机械力激荡的方式，使之混合融为一体的方法。这在行业中被称为“串缔”。

四、制面团工艺

（一）面团加工的性质和目的

面团，就是运用水、油、蛋液等液体原料与面粉混合，通过搅拌、搓、揉等手法使面粉粉粒相互黏结，成为整体凝结的团块。面团的加工原料主要是面粉，面团是制作面点的基本原料。

面团加工的目的，是通过粉料与水及其他添加原料的混合搅拌揉搓成团，使粉内蛋白质生成面筋，变得柔韧、松软而具有一定的延伸性和可塑性，为点心成型提供条件。不同的调制方法可以产生不同性质的面团，不同面粉所含淀粉与蛋白质的差异是采用不同调制方法的依据，而各式面团又为点心的多样性提供了保证。

（二）面团的种类

通常把面团分为麦粉面团、米粉面团和其他粉面团三大类。

麦粉面团分水调、油酥和蛋调三类。其中水调面团又有筋性面团与膨胀面团两小类，筋性面团中有冷水调制、温水调制、热水调制三个品种，膨胀面团中又有发酵膨松面团与化学膨松面团两个品种。油酥面团又分为纯油酥面团、水油酥面团、蛋油酥面团等种类。

米粉面团有糕粉、团粉与发酵粉团之分。

其他粉面团是指用豆类、高粱、玉米、芋头、山药、荸荠、栗子、果类、澄粉等原料所制的面团。

(三)面团加工流程与方法

面团调制的基本工艺流程:下粉→掺料→和面(发酵)→揉面→饧面。

下粉,即按一定的量,将面粉置于和面器皿中。

掺料,即按一定规格将各种添加原料如水或油、蛋及盐、糖等加入面粉之中。

和面,即将面粉及其他原料拌和,改变其物理结构,使之均匀融合黏结成初级面团。

揉面,即运用捣、揉、揣、摔、擦等手法,将和成的初级面团进一步加工成结构密度均匀和具有韧性、柔润、光滑、酥软特性的精制面团,这是调制面团最关键的一步。

饧面,即精制面团制成后,将其静置一段时间,使面团中所有粉粒充分吸水,达到内外一致的目的。

第四节 中国烹饪的优化工艺

学习目标

1. 熟悉烹饪优化工艺的概念和作用。
2. 了解调味的作用以及调味的基本程序与方法。
3. 了解着色工艺的作用以及着色的规律与方法。
4. 了解致嫩工艺的方法。
5. 了解食品雕刻工艺的原则以及食品雕刻的几种形式和雕刻程序。

优化工艺,是指运用装饰、衬托、增强等美化方法,对食物原料的色、香、味、形、质等风味性能进行深化和精细的加工,使食物制品在保持原有营养质量的基础上达到风味更美的效果。

优化加工,来自人们对食物之美、对饮食文化多样性的不断追求。调味调香、致嫩着衣和着色、食雕等一系列优化加工手段,可使食物口味、香气、色泽、造型、质感等发生美的变化,具有更多的适用性和更佳的食用性,从而极大地提高菜点的文化附加值。在优化工艺中,人文精神通过菜点的刻意制作得到充分体现,人们的文化、传统、风俗、思想、情感等在经过优化加工的美食上被集中表现出来,使食物超越它的自然属性。

优化工艺具体包括调味工艺、致嫩与着衣工艺和着色与食品雕刻工艺等。

一、调味工艺

(一)调味工艺的概念与基本作用

调味工艺是菜点制作的一项专门艺术化过程。“味乃馔之魂”,菜点只有通过调味工艺的加工,才能具备美食的本质,而滋味美好的菜点会使人愉悦,使人食欲增长,促进消化。具体言之,调味具有分散作用、渗透作用、吸附作用、复合与中和作用。

❶ **分散作用** 调味一般使用水(或汤)、液体食用油脂为分散介质,将调味品调解分散开来,成为调味品浓度的分散体系,以达到调味的目的。

❷ **渗透作用** 指在渗透压的作用下,调味品溶剂向食料固态物质细胞组织渗透达到入味的效果。

❸ **吸附作用** 在调味中主要指固体食料对调味溶剂的吸附。

❹ **复合与中和作用** 指两种以上单一味中和成一种或两种以上的复合味。在调味中复合作用

高于一切，一切复杂味感皆离不开复合与中和作用。

（二）调味的基本程序与方法

调味以加热制熟为中心，一般可分为三个程式，即超前调味、中程调味和补充调味。

❶ **超前调味**　在加热前，对食物原料添加调味品，以达到改善原料味、嗅、色泽、硬度以及持水度品质之目的。行业中又称之为"基本调味"或"调内口"等。超前调味主要运用拌的手法对食料进行腌渍，通常由数十分钟到十数小时不等或更长时间；主要方法有干腌渍法（如风鸡、板鸭等）、湿腌渍法（如醉蟹、糖醋蒜等）和混合腌渍法（如盐水鹅、酱莴苣等）。

❷ **中程调味**　在加热过程中调味，这是以菜肴为对象的调味过程，是菜肴调味的主要阶段。一般来说，细、软、脆、嫩、清、鲜等特质的菜肴，加热快，其调味速度也快，简捷明了，故采取一次性调味与使用兑汁。而对酥、烂、糯、黏、浓、厚等特质的菜肴来说，加热慢，其调味也慢，故需采取多次性程序化调味。

❸ **补充调味**　菜品被加热制熟后再进行调味，这种调味的性质是对主味不足的补充或追加调味。根据不同菜品的性质特征，在炝、拌、煎、炸、蒸、烤等制熟方法中，视菜品是否需要在完成加热后补充调味。一般采取和汁淋拌法、调酱涂抹法、干粉撒拌法、跟碟上席法等。

二、着色工艺

（一）着色工艺的性质与作用

当食料之色不能满足进餐者心理色彩需求时需对其色彩进行某些净化、增强或改变的加工，称为着色工艺。菜点的色彩属于视觉风味的重要内容，它包含原料色彩与成品色彩两个部分，能最先体现菜点成品本质的美丑，因此是菜点质量体系中的第一质量特征。

随着现代消费者对餐饮欣赏能力的普遍提高，菜点色彩日益成为完美风味时尚不可轻视的方面。从饮食心理的角度看，色彩比造型更为直接地影响着人们的进餐情绪。在日常生活中，色彩对人的食欲心理影响是建立在各自饮食经验之上的，红色未必会激发人的食欲，紫色也未必会抑制人的热情，问题是色彩能否充分反映出菜点的完美质量，是否与进餐者经验参数相吻合。例如，鲜红的椒油会给不嗜辣者以恐惧，而给嗜辣者以激动；酱红的烧肉会使喜食浓味者冲动，而会引起喜食淡者的厌恶之情。可见，人的进餐情绪实质不受单纯的色彩影响，而与菜点质量的"心理色彩"相关联。

（二）着色的规律与方法

美好的色彩是优良菜点新鲜品质的象征。在烹饪实践中，本色往往体现的是材质之美，而成品之色体现的是工艺之美。但工艺之美必须建立在自然美的基础上，使白者更纯，红者更艳，绿者更鲜，黄者更亮，暗淡者有光泽，灰靡者悦目，使菜点尽显新鲜自然的本质。

在烹饪工艺中，往往会利用食物原料中的天然色素，使菜点有更为丰富的色彩变化。就色素来源而言，可分为动物、植物和微生物三大类，其中，植物色素最为缤纷多彩，是构成食物色素的主体。这些不同来源的色素若以溶解性能区分，可分为脂溶性色素和水溶性色素。用于菜点着色的色素主要有铜叶绿酸钠、类胡萝卜素、红曲素、花青素、姜黄素、红花黄色素等。

对食品着色的方法有很多，依据不同的功能性质可分为净色法、发色法、增色法和附色法四大类。

❶ **净色法**　去其杂色，实现本色，使食料之色更为鲜亮明丽的方法。具体方法包括漂净法和蛋抹法。

❷ **发色法**　通过某种化学的方法，使原料中原本缺弱的色彩因素得到实现或增强，目前主要使用的是食硝法与焦糖法。

❸ **增色法**　在有色菜点中添加同色色剂，提亮或加重其本色。例如当番茄沙司红色显得过于

浅淡时，可适量添加同色色剂，使之同色增强。又如橙汁鸡块中靠橙汁原色是不够的，若添加同色色剂，则会增强黄色的明快，给人以鲜艳爽丽的美感。

④ 附色法 将食料本色渲染或遮盖，使之产生新的色彩的方法，亦即将另一种色彩附着于食料之上的方法。具体有染拌着色法、裹附着色法、滚粘着色法、掺和着色法等。

三、致嫩工艺

（一）致嫩的概念和目的

在烹饪原料中添加某些化学剂或通过物理的手段，使原料组织结构疏松，提高原料的持水性，改善原料的组织结构成分，提高脂含量，使原料质地比原先更为滋润膨嫩的加工方法，称为致嫩工艺。

嫩，是食品质量体系中有关质地的内容之一，是相对老而言的一种口感，有固形性，但又具有松、软、脆的综合特征。致嫩加工主要针对动物肌肉原料。除极少部位外，动物原料的横纹肌与平滑肌组织普遍具有老、韧、粗、干的特性，要使之达到松嫩程度，则需要经过长时间加热，破坏其纤维组织结构，但长时间加热又易使之失去新鲜嫩脆的风味，要让这些原料在短时间加热中既制熟又保持鲜嫩，适当采用致嫩工艺就显得非常必要。致嫩的目的是破坏结缔组织，使之疏松持水，既方便成熟，又保持嫩度；另一方面，致嫩工艺对缩短加热时间，便于咀嚼和消化都起着重要作用。

（二）致嫩的方法

致嫩的方法有碱、盐、酸、酶、糖等生化方法和机械致嫩方法，其中又以化学剂致嫩方法最为重要。

❶ 碱致嫩 主要是破坏肌纤维膜、基质蛋白及其他组织结构，使分子与分子间的交链键断裂，从而使原料组织结构疏松，有利于蛋白质的吸水膨润，提高蛋白质的水化能力，常用的方法有碳酸钠致嫩法和碳酸氢钠致嫩法。

❷ 泡打粉致嫩 泡打粉即复合疏松剂，由碱剂、酸剂和填充剂组成，在致嫩中可起到碱性致嫩的作用，同时也有利于原料鲜香风味的保持。

❸ 木瓜酶致嫩 松肉粉又称嫩肉粉，其主要成分是木瓜蛋白酶。其渗透性较大，在对体积较大的肉块致嫩时，速度快，效果均匀，远胜于碱致嫩方法。除木瓜蛋白酶外，其他如菠萝、无花果、生姜、猕猴桃等植物中的蛋白酶都有相同的作用。

❹ 盐、酸致嫩 盐致嫩就是在原料中添加适量食盐使肌肉能保持大量水分，并能吸附足量的水。另外，在一些较为老韧性动物原料的烹制过程中，适量添加一些酸性物质，可对原料肉质产生一定的膨润作用。而将一些肌肉原料如腰片、肉片等浸渍于酸溶液中也有明显的致嫩效果。

四、着衣工艺

（一）着衣的概念与作用

着衣指用蛋、粉、水等原料组合在食料外层蒙上保护膜或外壳的加工方法，如同为菜点原料置上外衣，故称为着衣工艺。

着衣工艺在烹饪中具有保嫩与保鲜、保形与保色以及增强风味融合的作用。

❶ 保嫩与保鲜 着衣工艺一般为油导热旺火速成的需要所设置，为较高油温中骤然受热的裸料着衣，会缓冲高温对原料表面的直接作用，使原料内部水分外溢明显减少，风味物质也因此得到保持，从而保障了肌肉原料与一些更为细嫩的复合原料细嫩鲜美的特质。同时淀粉糊化还能增添爆炒菜肴爽滑的优美触感，丰富炸、煎菜肴触觉的对比层次。

❷ 保形与保色 当鸡、鱼、虾、贝等细嫩原料加工成细薄弱小料形时，在加热中易碎、萎缩、变形、变色等，经着衣后，由于黏结性的加强和保水性能的提高，不仅能保持原料完整、饱满、光滑的形态，还能使原料保持鲜美本色，同时还有利于某些菜品艺术造型的固形，如菊花鱼、松鼠鳜鱼等，令菜

品制熟后产生良好的视觉效果。

③ **增强风味融合**　着衣基本上由淀粉、麦粉、澄粉与鸡蛋组成，着衣能使菜品本身营养成分得到提高，质构更为合理，着衣还有利于原料对卤汁的裹附，从而促进整体菜肴风味的融合性。

（二）着衣的方法

着衣工艺依据不同质构与使用性质可分为上浆、挂糊、拍粉和勾芡四种方法。

用蛋、淀粉调制的黏性薄质浆液将原料裹拌住，谓之上浆。上浆的使用，可起到保鲜、保嫩、保持状态、提高菜品风味与营养的综合优化作用。其程序为：腌拌→调浆→搅拌→静置→润滑。

用水、蛋、粉料调制成黏稠的厚糊，裹附在原料的表面，谓之挂糊。与上浆一样，因挂糊对原料内部的诸种品质具有良好的保护和优化作用而被广泛地应用于炸、煎、烤、熘等类菜肴中。其主要方法有拌糊法、拖糊法和拍粉拖糊法。拌糊法是将原料投入糊中拌匀，适用于对料形较小、且不易破碎原料的挂糊，如肉丁、干豆块等；拖糊法是将原料缓缓从糊中拖过，适用于对较大扁平状原料的挂糊，如鱼、猪排等；拍粉拖糊法是指先拍干淀粉，再拖上黏糊的方法，适用于含水量较大的大型原料。

将原料表层滚沾上干性粉粒，谓之拍粉。干性粉粒包括面粉、干淀粉、面包粉、椰丝粉、芝麻粉等。主要作用是使原料吸水固形，增强风味，保护其中的营养成分。拍粉工艺被广泛用于炸、煎、熘类菜肴之中。其主要方法有拍干粉和上浆拍粉。

在菜肴制熟或即将制熟时，投入淀粉芡汁，使卤汁稠浓，黏附或部分黏附于菜肴之上的过程，在菜肴中形成黏稠状的胶态卤汁谓之勾芡。主要方法有泼入式翻拌勾芡和淋入式推摇勾芡。前者是将芡汁迅速泼入锅中，在芡汁糊化的同时迅速翻拌菜肴，使之裹上芡汁；后者是将芡汁徐徐淋入锅中，一边摇晃锅中菜肴或推动菜肴，一边淋下芡汁，使之缓缓糊化成菜品。

五、食品雕刻工艺

（一）食品雕刻的性质与目的

将具有良好固体性质的食物原料雕刻成具有象征意义的图像或模型的加工叫食品雕刻。食品雕刻是对菜肴表现形式的装饰与美化，是在不影响食用性前提下的艺术造型加工，可实现某种审美感受，提高饮食情趣，增强饮食效果。食品雕刻被广泛应用于宴会、筵席之中，对提高筵席的意境、渲染热烈气氛、美化菜品的视觉效果等具有重要作用。

（二）雕刻形式

食品雕刻的形式分立体雕、浮雕与镂空雕。

将一块原料雕刻成四面象形的物体，谓之立体雕。立体雕在成形的形式上又有整雕与组合雕之分别。

在原料表面刻出具有凹凸块面的图案，谓之浮雕。其中，表现图形的条纹凸出，飞白处凹下，称作“凸雕”；表现图形的条纹凹下，飞白处凸出，称作“凹雕”。

将原料壁穿透，刻成具有空透结构的图形，称作镂空雕。

三类雕刻形式中，立体雕制品立体感强，常组装成大型雕刻造型，气魄与规模都令人注目，富丽而复杂；浮雕装饰性强，适用于对瓜盅的美化。镂空雕显得空灵剔透，观赏性强，是瓜灯、萝卜灯的主要雕刻形式。

（三）雕刻程序

凡雕刻每一物品，都必须有计划地按照所设计的程序分步骤进行。雕刻的实施一般有如下程序：命题→设计→选料→制坯→雕刻→组装→成形。

（四）食品雕刻的原则

一是适时雕刻，若需雕刻，则应按质雕刻，不应因雕伤质、刻意求工而造成原材料的过量浪费；二

是不能太耗费时间，并严格控制食物的污染，确保卫生，在雕刻时要做到轻、快、准、实；三是运用雕品参与装饰，不能喧宾夺主，本末倒置，应起到突出主菜、烘托主题的作用；四是服从可食性为第一的原则，尽可能减少不可食因素。

第五节 中国烹饪的制熟工艺

学习目标

1. 熟悉烹饪制熟工艺的两大分类及制熟加工的任务。
2. 了解制熟加工的多种方法。
3. 了解预热加工的目的与方法。
4. 了解油导热制熟法、水导热制熟法和其他导热制熟法的多种制熟工艺。

通过一定的方法，对菜点生坯进行加工，使食物卫生、营养、美感三要素高度统一，成为能直接被食用的食品加工过程，叫作制熟工艺，分为加热制熟和非热制熟两种。在中国食品体系中，加热制熟的品种占主要地位，是制熟加工方法的主体。

无论加热与否，制熟加工都具有如下功能。

①有效地杀灭食料内部的菌虫，特别是加热，当温度达到 85 ℃时，一般菌虫都能被杀灭。一些不加热的制熟方法中，所使用的盐、醋、芥末、葱、蒜、酒等都有良好的杀灭菌虫的效果。

②使食料中养分分解，组织结构破坏，从而缩短咀嚼时间，有利于人体对营养物质的消化与吸收，同时还给人以软、脆、烂、酥等口感上的享受。

③形成令人喜爱的特定味觉、嗅觉的综合风味。

④对菜点的形和色做最后的定位，使菜点成型。

一、制熟加工方法的种类

通过对热源、介质、温度、结构与形式的区分，制熟成菜的烹调方法可分为如下类型。

（一）加热制熟

（1）固态介质导热制熟包括砂导热制熟（砂炒）、盐导热制熟（盐焗）、泥导热制熟（泥烤）。

（2）液态介质导热制熟包括如下两种。水导热制熟：大水量导热制熟（氽、涮、白焯、水熘、汤爆、炖、卤、煨、煮）和小水量导热制熟（烩、烧、熬、焖）。油导热制熟：大油量导热制熟（炸、熘、烹、拔丝）和小油量导热制熟（炒、爆、煎、贴）。

（3）气态介质导热制熟包括蒸汽热制熟（蒸、蒸熘）、烟热制熟（熏）、干热气制熟（烤烘）。

（二）非热制熟

非热制熟包括发酵制熟（泡、醉、糟、霉）、化学剂制熟（腌、变）、凝冻制熟（冻、挂霜）、调味制熟（炝、拌）。

二、预热加工

（一）预热加工的目的

在正式制熟加工之前，采用加热的方法将食料加工成基本成熟的半成品状态的过程叫预热加工。预热加工的目的：制熟前去除某些原料的腥臭、苦涩等异味；加深某些食料的色泽；为某些原料增香、固形；实现多种原料同时制熟的成熟一致性；缩短正式制熟加工的成菜时间。

预热加工并不具有独立的意义，而是从一种完整方法中割裂出来的步骤。例如，烧鱼，为了增强鱼的色泽和香味，须预煎一下。

（二）预热加工的方法

预热加工方法主要有水锅预热、汤锅预热和油锅预热等。

水锅预热，又称为“焯水”或“飞水”，即在水中烫一下。其中包括冷水锅预热法和沸水锅预热法。

汤锅预热，就是将富含脂肪、蛋白质的禽、畜类新鲜原料置于水中，使原料内浸出物充分或部分溶解于水中成为鲜汤的方法，因此又称为“制汤”。

油锅预热，指为了满足某种固形、增色、起香的预热需要，将原料置于油锅中加热成为半成品（传统上称为“过油”）的方法。不同的油温可使食料产生不同的质感。过油为某些菜肴所要特意表达的脆、酥、香奠定了基础，实际上是为炸或煎的操作进行预熟加工。

三、油导热制熟法

（一）油炸法

将菜点生坯投入食用油中加热，使之变性成熟直接成菜的制熟方法称为油炸法。油炸法的目的是使食料表层脱水固化而结成皮或壳，使内部蛋白质变性或淀粉糊化而制熟，因此，油炸菜点成品具有干、香、酥、松、嫩的风味特点。其基本方法有着衣法和非着衣法两大类。

（二）油煎法

将扁平体菜点生坯在小油锅底缓慢加热成熟的方法称为油煎法。此法在熟化性质方面几乎与炸法相同，故称“干煎”，但在香味方面更为浓郁。煎菜依据其成品触感加以区别，有脆煎与软煎两种基本方法。

（三）油炒法

加热时将片、条、丝、丁、粒等小型食料在油锅中边翻拌边调味直至食料变性入味成熟的方法称为“炒”。炒又分为煸炒、干煸、滑炒、软炒、熟炒、爆炒等，代表菜品有“滑炒里脊丝”“葱爆羊肉”等。

（四）烹法

将预先调制的味汁迅速投入预炸或预煎的锅中原料上，使之迅速被吸附收干入味的制熟成菜方法称为烹法。烹法制作的菜品具有干香紧汁、外脆里嫩的特点。依据预热熟加工方法的不同，烹分炸烹与煎烹两类；依据干湿性质，烹又可分干烹与清烹两种形式。如“干烹黄鱼片”“清烹仔鸡”等为以烹法成菜的菜品。

（五）熘法

熘法指将预熬熟制的稠滑黏性滋汁经过打、穿、浇或拌入食料上的成菜方法。熘法关键在于“熘”字，熘是指滋汁在锅中稠滑流动而快速浇拌（已预热）菜肴。熘法所用的主料半成品主要来自炸或煎熟品，也可以是蒸或汆熟的。菜品常以酸甜为口味特征。熘法依据成菜的触感可分为脆熘、软熘、滑熘和焦熘。代表菜品有“醋熘鳜鱼”“西湖醋鱼”等。

（六）拔丝

将原料炸脆投入热溶的蔗糖浆拌匀装盘，在冷却过程中拔出缕缕糖丝的方法称为拔丝。由于糖浆的黏性较大，且冷却速度限制了出丝的时间，因此，在盘中刷油，可防止糖浆黏结在盘上。上桌食用时，下垫热盅可以减缓其冷凝速度；带凉开水蘸食，可以防止粘牙和粘筷，并增加入口的甜脆感。拔丝大多运用水果、蔬菜块根、茎和其他固形优质的食料，是“甜菜”的专门制熟法。依据溶剂的使用方式有油拔法、水拔法、油水合拔法和干拔法等不同形式。代表菜品有“拔丝苹果”等。

四、水导热制熟法

（一）炖法

将原料密封在器皿中，加水长时间在95～100 ℃加热，使汤质醇清、肉质酥烂的制熟成菜的方法称为“炖”。这是制汤菜的专门方法，所用原料为富含蛋白质的韧性新鲜动物原料。侧重于成菜中鲜汤的风味，同时要求汤料达到“酥烂脱骨而不失形”的标准。有清炖与侉炖之分，菜肴保持原料原有色彩、汤质清澈见底的称清炖，它包括砂锅炖、隔水炖、汽锅炖和笼炖；经过煸、炸等预热加工再炖制或者添加其他有色调味料使汤质改变原色彩的称侉炖。炖法的代表菜品主要有“清炖蟹粉狮子头”“汽锅鸡”“炖鳝酥”等。

（二）煨法

将富含脂肪、蛋白质的韧性动物原料经炸、炒、焯后置于（陶、砂）容器中，加入较多的水用中等火力加热，保持锅内沸腾至汤汁奶白、肉质酥烂的制熟成菜的方法称为“煨”。煨与炖一样需有较多的水，以菜出汤，但不同的是炖用小火加热，使汤面无明显沸腾状态，而煨则需用中火加热，使汤面有明显沸腾状态，这样才能使汤汁浓白而稠厚。以此法制熟的代表菜品有“白煨香龟”等。

（三）卤法

将原料置于卤水中腌渍并运用卤水加热制熟的方法称为“卤”。在加热方面，卤采用“炖”或“煮”的方式，要求卤汁清澈，便于凝冻成“水晶冻”。通常，卤法要求保持原料的柔嫩性，需采用沸水下锅的方法将其预焯水，再采用小火加热，保持卤水的清澈。卤法运用于肥嫩的禽类，要求断生即熟；运用于肉类，则要求柔软；运用于嫩茎类蔬菜，要求鲜脆柔润。一般来说，用于腌渍的卤水叫生卤水，有血卤和清卤之分；用于加热过程的卤水叫熟卤水，有白卤和红卤之别。以卤法制作的菜品主要有“水晶肴肉”“苏州卤鸭”等。

（四）汆法

将鲜嫩原料迅速投入较多热（沸）汤（水）中，变色即熟，调味成菜的方法叫“汆”。在以水为介质的诸法中，此法的制熟速度较快，所取原料必须十分鲜美，且料形为片、丝或茸缔所制小球体之状，是制汤的专门方法之一。在汤质上有清汤与浓汤之分，制清汤者谓之清汆，制浓汤者谓之浓汆。以汆法烹制的菜品主要有“出骨刀鱼圆”“榨菜腰片汤”等。

（五）涮法

以筷夹细嫩薄小的食料在量大沸汤中搅动浸烫至熟，边烫边吃的加工成菜方法称为“涮”。涮法需用特制的锅具——涮锅。涮时，汤在锅中沸腾，进餐者边烫边吃。涮菜通常将各种原料组配齐全，围置于涮锅周围，并辅以各种调味小碟，供食者自主选择。涮锅又称火锅，其品种因主料而定，如“羊肉涮锅”“毛肚涮锅”“山鸡涮锅”等。

（六）熬法

将具有薄质流动性质的原料入锅，缓慢加热，使之内部风味尽出，水分蒸发，逐渐黏稠而至汤菜融合的制熟成菜方法称为“熬”。熬法所用的原料一般为生性动物类小型原料与含粉质丰富的茸泥状原料。熬法需通过较长时间加热，使这些原料出味并被收稠卤汁。以此法烹制而成的菜品有“蜜汁蕉茸”等。

（七）烧法

将原料炸、煎、煸、焯等预热加工后，入锅加水再经煮沸、焖、熬浓卤汁三阶段，使菜品软烂香醇而至熟的成菜方法称为“烧”。这是中国烹饪热加工极为重要的方法之一。其取料十分复杂而广泛，风味厚重醇浓，色泽鲜亮，在菜的卤汁方面，要求“油包芡，芡包油”。在加热的三阶段中，煮沸是提温，焖制是恒温，熬制是收汤。这种对火候的控制反映出烧法制熟过程的曲折变化。其基本方法主要有

煎烧、煸烧、炸烧、原烧和干烧。主要菜品有“白果烧鸡”“白汁鼋鱼”等。

（八）扒法

“扒”是指在烧、蒸、炖的基础上进一步将原料整齐排入锅中或扣碗加热至极酥烂覆盘并勾以流芡的制熟成菜方法。扒菜原料一般使用高级山珍海味、整只肥禽、完整畜蹄、完整畜头、完整畜尾，蔬菜则选用精选部分，如笋尖、茭白、蒲菜等。其在色泽上，有红扒、白扒之分，在形式上有整扒、散扒之别，在加热方法上可分为锅扒和笼扒两种。扒法是大菜的主要制熟方法，在宴席菜肴中具有显要的地位。代表菜品有“红扒大乌参”“蛋美鸡”等。

（九）烩法

将多种预热的小型原料同入一锅，加鲜汤煮沸，调味勾芡的制熟成菜方法称为“烩”。烩具有锅中原料汇合之意。其加热过程虽与煮无异，但在原料的预热方面和勾芡用法方面是有差异的。代表菜品有“什锦烩鲜蘑”等。

（十）焖法

将经炸、煎、煸、焯预熟的原料置砂锅中，兑汤调味密闭，再经煮沸、焖熟、熬收汤汁三个过程，使原料酥烂、汤浓味香的制熟成菜方法称为“焖”。焖实际上是指加热中恒温封闭的阶段，侧重于原料焖熟所形成的酥烂效果。从形式上看，焖法就是烧法在砂锅中的移植，但焖法的成品效果与烧菜具有明显区别。依据调味与色泽，焖法可分为红焖、黄焖和原焖。代表菜品有“黄焖鸡翅”“原焖鱼翅”等。

五、气态介质导热制熟法

（一）烤法

运用燃烧和远红外烤炉所散射的热辐射能直接对原料加热，使之变性成熟的成菜方法称为烤法，也常用于点心的制熟。中国的烤法较为复杂，将烤菜风格表现得淋漓尽致，从整牛、整羊到整禽、整鱼，再到肉类或豆腐，可用原料广泛；有明炉烤和暗炉烤之分。明炉烤是指用敞口式火炉或火盆对原料进行烤制，又可分为叉烤、串烤、网烤、炙烤等。暗炉烤是指使用可以封闭的烤炉对原料进行烤制，包括挂烤、盘烤等。代表菜品有“北京烤鸭”“叉烤酥方”等。

（二）熏法

将原料置于锅或盆中，利用熏料不充分燃烧升发的热烟制熟成菜的方法称为熏法。这是食品保藏的重要方法之一。在烹饪工艺中，熏是直接制熟食物成为菜肴的一种方法，制熟后即可食用，因此，在熏料上更注重选择具有香味性质的软质或细小材料，常用的有樟木屑、松柏枝、茶叶、米锅巴、甘蔗渣、糖等。根据使用工具的不同，熏分为室熏、锅熏、盆熏三种。代表菜品有“生熏白鱼”“樟茶鸭”等。

（三）蒸法

“蒸”是指将原料置于笼中直接与蒸汽接触，在蒸汽的导热作用下变性成熟的成菜方法。作为一个独立的制熟的成菜方法，蒸法主要指干蒸，即所蒸制的菜点不加汤水掩面，成品汤汁较少或无汁（点心）。在蒸制过程中，根据具体原料的不同对温度和时间一般采用四种控制形式，即旺火沸水圆汽的强化控制、中火沸水圆汽的普通控制、中火沸水放汽的有限控制和微火沸水持汽的保温控制。代表菜品有“清蒸鲈鱼”等。

习题

1. 中国烹饪工艺的操作体系具体由哪六大类工艺组成？

2. 中国烹饪工艺有哪七项基本特点？

3. 选料的基本方法是什么?
4. 粮食及添加性食用原料的拣选工艺具体有哪些?
5. 干制原料的涨发工艺具体有哪些?
6. 原料的分解工艺有哪几大类别?
7. 常用的定型馅心一般有哪几种分类?
8. 缔子在菜点制作中具有什么作用?
9. 简述调味的作用以及调味的基本程序与方法。
10. 食品着色方法依据不同的功能性质可分为哪几种?
11. 食品雕刻有哪三类基本形式?
12. 预热加工的任务是什么?
13. 列举油导热制熟法、水导热制熟法和气态介质导热制熟法的种类。

第四章

中国烹饪的风味流派

导学

扫码看课件

中国烹饪风味流派有地方菜(或民族菜、宗教菜、家族菜)、帮或菜系等各种称谓,其含义大同小异。

烹饪风味流派的成因包含地理环境和气候物产的作用、宗教信仰和风俗习惯的熏陶、历史变迁和政治形势的影响、权威与名士倡导的促成、文化气质和美学风格的孕育等。

从历史发展、文化积淀和风味特征来看,在地方风味中,首先应提出的是四大菜系,即长江下游地区的江苏(淮扬)菜系、黄河流域的鲁菜系、珠江流域的粤菜系和长江中上游地区的川菜系。其他地方风味流派的形成与发展离不开四大菜系的影响。

中国烹饪有三大面点流派,分别是京式面点、江南面点和广式面点。除三大面点流派之外,另有八种小吃帮式和九类特色细点。

第一节 烹饪风味流派

学习目标

1. 熟悉烹饪风味流派的定义。
2. 了解烹饪风味流派的多种成因。
3. 明白烹饪风味流派是如何认定的。

一、烹饪风味流派的定义

烹饪风味流派是指由于地理环境、气候物产、历史变迁、文化传统、宗教信仰、民族习俗以及烹调工艺诸因素的影响,长期以来在某一地区(或民族、宗教、家族)内形成,有一定亲缘承袭关系,菜点风味特色相近,知名度较高,并为一部分消费群喜爱的传统膳食体系。

烹饪风味流派有地方菜(或民族菜、宗教菜、家族菜)、帮或菜系等各种称谓,其含义大同小异。

(一) 地方菜

地方菜又称地方风味,是某一个行政区划或自然区划内风味菜点的总称。它习惯于以地名命名,流传范围也多在这一地区内。地方菜也有大小之分和菜数多少之别,其特色是地方情味浓厚,保持本地特色。

(二) 帮

帮又称帮口、帮式、味、风味,是中国烹饪风味流派的古称,如徽帮、苏帮、川味、浙味等。它始源

于唐宋时期的工商行会制度，由地方性和专业性都很强的手工业同业公会转化而来。古代餐饮业同业公会习称“厨行”，有严密的帮规，统一运营。有些酒楼为了争夺市场，便以所经营的地方特色菜点作为招牌，于是就有“某帮”“某味”的说法，清代尤为盛行。

（三）菜系

菜系专指品类齐全，特色鲜明，在海内外有较高声誉的系列化菜种，包括地方菜系、民族菜系、宗教菜系和家族菜系。它出现在20世纪50年代，现今有四大菜系、八大菜系、十大菜系、十二大菜系种种说法。每一种说法中包含哪些菜种也不完全一致，如“十大菜系”的构成，至少有5种不同的观点。

二、烹饪风味流派的成因

（一）地理环境和气候物产的作用

中国疆域辽阔，分为寒温带、中温带、暖温带、亚热带、热带以及青藏高原带六个气候带；加之地形地貌复杂，山川丘陵与江河湖海纵横交错，不同地区生长着不同的动植物，人们择食多是就地取材，久而久之，便出现以本地区所产原料为主体的地方菜品，如“南米北面、东鱼西羊”。换言之，即地理环境决定物产，物产决定食性并影响烹调，从而形成烹饪风味流派。

（二）宗教信仰和风俗习惯的熏陶

中国人口众多，宗教信仰各异。佛教、道教、伊斯兰教、基督教和其他教派，还有一些原始宗教，都拥有大批信徒。各种宗教教规教义不同，信徒生活方式有区别，饮食禁忌形形色色。食礼、食规、食癖等习俗，是千百年习染熏陶造成的，有稳固的传承性（如南甜、北咸、东淡、西浓），它们在膳食体系的形成过程中，常发挥潜移默化的影响，使其“个性”鲜明。

（三）历史变迁和政治形势的影响

在中国历史上，西安、开封、南京、北京，是著名的古都，上海、广州、武汉、成都，是繁华的商埠，它们分别作为各代政治、经济、文化中心，对烹饪风味流派的孕育产生过积极影响。汉、唐、宋、明的开国皇帝酷爱家乡美食，辽、金、元、清的统治者提倡本民族肴馔，对一些烹饪风味流派的形成也有不小推动。

（四）权威与名士倡导的促成

烹饪发展，历来与权贵追求享乐、民间礼尚往来、医家研究食经、文士评介馔食关系密切，所以任何烹饪风味流派的兴衰都有人为因素在左右。特别是社会名人的饮食掌故，更是烹饪风味流派稳固扎根的前提。

（五）文化气质和美学风格的孕育

文化气质和美学风格是烹饪风味流派的灵魂。中原文化的雄壮之美孕育出宫廷美学风格，形成典雅的宫廷菜；江南文化的优雅之美孕育出文士美学风格，形成小巧精工的苏扬菜；华南文化的艳丽之美孕育出商贾美学风格，形成华贵富丽的广东菜；西南文化的质朴之美孕育出平民美学风格，形成灵秀实惠的巴蜀菜；塞北文化的粗犷之美孕育出牧民美学风格，形成豪放洒脱的蒙古族“红食”及“白食”等。

三、烹饪风味流派的认定

中国烹饪风味流派是一个客观存在的事物，必然有着量的要求与质的规定。从历史和现状考察，凡社会认同的烹饪风味流派，一般都应达到如下标准。

（1）选料上有地方特色：烹饪风味流派的表现形式是菜点，菜点只有依赖原料才能制成。如果原料上具有地方性，菜点风味往往别具一格。像北京烤鸭、湖北清蒸武昌鱼、广东蚝油牛肉、四川麻婆豆腐等，皆属此类。

(2) 工艺技法独到：烹调工艺是形成菜品风味特色的重要手段。不少菜系闻名遐迩，正是得益于在炊具、火功或味型上有绝招。如山东的汤菜、安徽的炖菜、山西的面条、江苏的糕团，都在加工手段上有其独到的功夫。

(3) 具备多款菜点组成宴席：所谓独木不成林，具备多款名菜美点才能形成不同规格的宴席。特色菜点的数量也是衡量烹饪风味流派的一项具体指标。

(4) 地方特色浓郁鲜明：融注在菜点中的地域性，是烹饪风味流派的精髓。地域性常通过地方特产、地方风物、地方语汇、地方礼俗来显现。

(5) 有深厚广泛的群众基础：烹饪风味流派不能自封，能否成立，关键在于相应餐馆的数量、人们的喜好以及社会舆论。

(6) 有历史的积淀：烹饪风味流派的孕育，少则几十年，多则上千年。只有久经考验，才能日臻成熟，逐步趋于完善。

第二节　中菜主要流派

学习目标

1. 熟悉四大菜系。
2. 了解除四大菜系之外的其他风味流派。
3. 知道中国清真菜的发展历史与基本特点。

一、四大菜系

从历史发展、文化积淀和风味特征来看，在地方风味中，首先应提出的是四大菜系，即长江下游地区的江苏(淮扬)菜、黄河流域的鲁菜、珠江流域的粤菜和长江中上游地区的川菜。

(一) 江苏菜

江苏菜，是中国长江下游地区的著名菜系，发展历史悠久，文化积淀深厚，具有鲜明的江南特色。江苏菜以物产富饶而称雄，水产尤其丰富，如南通的竹蛏、吕泗的海蜇、如东的文蛤等。内陆水网如织，水产更是四时有序，联翩上市，土地肥沃，气候温和，粮油珍禽，干鲜果品，罗致备极，一年四季，芹蔬野味，品种众多，从而使菜肴风味生色生香，味不雷同而独具鲜明的地方特色。江苏菜包括四大风味，分别是淮扬风味、苏锡风味、金陵风味、徐海风味。

淮扬风味，以扬州为中心，以大运河为主干，南起镇江，北至两淮，东及沿海。一般认为淮扬菜的风味特点是清淡适口，主料突出，刀工精细，适应面较广。制作的江鲜、鸡类菜肴很著名，肉类菜肴名目之多，居各地方菜之首。

苏锡风味，包括苏州、无锡一带，西到常熟，东到上海、松江、嘉定都在这个范围内。苏锡菜中鱼馔很著名，有“松鼠鳜鱼”“清蒸鲥鱼”“煮糟青鱼”“响油鳝丝”“碧螺虾仁”“白汤鲫鱼”“原焖鱼翅”等名菜。一般认为苏锡菜的风味特点是甜出头，咸收口，浓油赤酱，近代其风味已向清新雅丽方向发展，甜味减轻。

金陵风味，是指以南京为中心的地方风味。一般表述是金陵风味兼取四方之美，适应八方之需，以滋味平和、醇正适口为特色，尤擅烹制鸭馔，“金陵叉烤鸭”“桂花盐水鸭”“南京板鸭”以及“鸭血汤”

等菜品颇具盛名。

徐海风味，是指徐州、连云港一带的地方风味。一般表述徐海菜以鲜咸为主，风格淳朴，注重实惠，名菜别具一格。“霸王别姬”“沛公狗肉”“羊方藏鱼”“红烧沙光鱼”等名菜为其代表。

（二）粤菜

粤菜起源于秦汉时期的南越，珠江三角洲、潮汕平原是其根据地，影响整个岭南与港澳，还远播东南亚和欧美。粤菜的形成也有着悠久的历史，自秦始皇南定百越，建立“驰道”与中原联系加强，文化教育经济便有了广泛的交流。汉代南越王赵佗，五代时南汉高祖刘龑均推行睦邻友好政策，北方各地的饮食文化与其交流频繁，官厨高手也把烹调技艺传于当地同行，促进了岭南饮食烹饪的改进和发展。汉魏以来，广州成为中国南方大门和与海外各国通商的重要口岸，唐朝异域商贾大批进入广州，刺激了广州饮食文化的发展。至南宋，京都南迁，大批中原士族南下，中原饮食文化融入了南方的烹饪技术，明清之际，粤菜广采“京都风味”“淮扬风味”和西餐之长，使其在各大菜系中脱颖而出，名扬四海。除历史因素外，粤菜系的生成环境也是一个不可忽视的重要因素。广东地处中国东南沿海，山地丘陵，岗峦错落，河网密集，海岸群岛众多，海鲜品种多而奇。因此原料不仅丰富，而且很有特色。粤菜用料因而广博奇异，除鸡、鸭、鱼、虾外，还善用蜗牛、蚕蛹等，水产中的鲮鱼、鲈鱼、鲟龙鱼、鳜鱼、石斑鱼、对虾、海蜇、海螺、鳝鱼为岭南海河鲜。植物类原料如蔬菜、瓜果更是四季常青。在调味品方面，除一些各地共同使用的常用调料外，粤菜中的蚝油、鱼露、柱侯酱、沙茶酱等都是独具一格的地方调味品。悠久的历史，丰富的物产，为粤菜的形成与发展提供了必要的前提条件。粤菜由广州菜（含肇庆、韶关、湛江）、潮州菜（含汕头、海丰）、东江菜（即客家菜）、港式粤菜（又叫新派粤菜或西派粤菜）四个分支构成。其风味特色是：生猛、鲜淡、清美；用料奇特而又广博，技法广集中西之长，趋时而变，勇于创新；点心精巧，大菜华贵，富于商品经济色彩和热带风情。代表性名菜有盐焗鸡、蚝油网鲍片、大良炒牛奶、白云猪手、白切鸡、烧鹅、烤乳猪、红烧乳鸽、蜜汁叉烧、脆皮烧肉、上汤焗龙虾、清蒸东星斑、鲍汁扣辽参、白灼象拔蚌、椒盐濑尿虾、蒜香骨、白灼虾、椰汁冰糖燕窝、木瓜炖雪蛤、干炒牛河、广东早茶、老火靓汤、罗汉斋、广州文昌鸡、煲仔饭、支竹羊腩煲、萝卜牛腩煲、广式烧填鸭、豉汁蒸排骨、鱼头豆腐汤、菠萝咕噜肉、蚝油生菜、豆豉鲮鱼油麦菜、上汤娃娃菜、盐水菜心、鱼腐、香煎芙蓉蛋、鼎湖上素、烟筒白菜、太爷鸡、赛螃蟹、香芋扣肉、南乳粗斋煲、龙虾烩鲍鱼、米网榴莲虾、麒麟鲈鱼、姜葱焗肉蟹、玫瑰豉油鸡、牛三星、牛杂、布拉肠粉、虾饺、猪肠粉、云吞面、及第粥、艇仔粥、荷叶包饭、碗仔翅、流沙包、猪脚姜、糯米鸡、钵仔糕等。

（三）鲁菜

鲁菜起源于春秋战国时期的齐国，从鲁西北平原向胶州弯推进，影响京津、华北和关外以及黄河中上游的部分地区。鲁地开化很早，是中华民族灿烂文化的发祥地，饮食文化和烹饪技艺随着文化的发达而源远流长、独树一帜。鲁菜系的形成和发展，不仅因山东历史悠久，而且地理环境和物产资源也很有优势，山东地处黄河下游，气候温和，胶东半岛突出于黄海和渤海之间，水产品种多样，且因其名贵而驰名中外，如海参、对虾、加吉鱼、鲍鱼、扇贝、海螺、鱿鱼、乌鱼蛋以及黄河鲤鱼、泰山赤鳞鱼等皆为地产名品。至于时蔬瓜果，种类繁多，质量上等，如胶州大白菜、章丘大葱、烟台苹果和紫樱桃、莱芜生姜、莱阳梨等。此外，山东的调味品也享有盛誉，如泺口食醋、济南酱油、即墨老酒等。这一切为鲁菜系的生成与发展奠定了丰厚的物质基础。鲁菜系由济宁风味（含曲阜）、济南风味（含德州、泰安）、胶东风味（含福山、青岛、烟台）3 个分支构成。其风味特色是：鲜咸、纯正、葱香突出；重视火候，善于制汤和用汤，海鲜菜尤见功力；装盘丰满，造型大方，菜名朴实，敦厚庄重；受儒家学派饮食传统的影响较深。代表性名菜有德州脱骨扒鸡、九转大肠、清汤燕菜、奶汤鸡脯、泰安豆腐、一品豆腐、葱烧海参、白扒四宝、糖醋黄河鲤鱼、油爆双脆、扒原壳鲍鱼、油焖大虾、醋椒鱼、糟熘鱼片、芫爆鱿鱼卷、清汤银耳、木樨肉（木须肉）、胶东四大拌、糖醋里脊、红烧大虾、招远蒸丸、枣庄辣子鸡、清蒸加吉鱼、把子肉、葱椒鱼片、糖酱鸡块、油泼豆莛、诗礼银杏、奶汤蒲菜、乌鱼蛋汤、锅烧鸭、香酥鸡、黄鱼

豆腐羹、拔丝山药、蜜汁梨球、砂锅散丹、布袋鸡、芙蓉鸡片、汆芙蓉黄管、阳关三叠、雨前虾仁、乌云托月、黄焖鸡块、锅塌黄鱼、奶汤鲫鱼、烧二冬、泰山三美汤、汆西施舌、赛螃蟹、烩两鸡丝、象眼鸽蛋、云片猴头、油爆鱼芹、油炸全蝎、西瓜鸡等。

（四）川菜

川菜以四川盆地为生成基地，影响云贵高原和藏北、甘南、湘、鄂、陕边界。川菜技艺是巴蜀文化的重要组成部分，它发源于古代的巴国和蜀国，萌芽于西周和春秋时期，形成于战国时期至秦代。川菜的发展有着自然条件的优势。川地位于长江中上游，四面皆山，气候温湿，烹饪原料丰富多样。川地江河纵横，水源充沛，水产品种特异，如江团、肥沱（圆口铜鱼）、腊子鱼（胭脂鱼）、东坡墨鱼（墨头鱼）等，质优而名贵。山岳深丘中盛产野味，如虫草、竹荪、天麻等。调味品更是多彩出奇，如自贡的川盐、阆中的保宁醋、内江的糖、永江的豆豉、德阳的酱油、郫县的豆瓣、茂汶的花椒等。这些特产为川菜的发展提供了必要而特殊的物质基础。川菜由成都菜、重庆菜、自贡菜等构成。其风味特色是：选料广泛，精料精做，工艺有独创性，菜式适应性强；清鲜醇浓并重，以善用麻辣著称；雅俗共赏，居家饮膳色彩和平民生活气息浓烈。代表性名菜有宫保鸡丁、樟茶鸭子、麻婆豆腐、清蒸江团、干烧岩鲤、河水豆花、开水白菜、家常海参、鱼香腰花、干煸牛肉丝、峨眉雪魔芋、鱼香肉丝、水煮肉片、夫妻肺片、回锅肉、泡椒凤爪、灯影牛肉、口水鸡、香辣虾、尖椒炒牛肉、重庆火锅、板栗烧鸡、辣子鸡。

二、其他地方流派

其他地方风味流派的形成与发展离不开四大菜系的影响。在与之相应的菜系影响之下，许多地方形成了风味相对独特、发展比较稳定的地方性特征。

（一）北京菜

北京菜起源于金、元、明、清的御膳、官府和食肆，受鲁菜、满族菜、清真风味、江南名食的影响较大，波及天津和华北。其风味特色是：选料考究，调配和谐，以爆、烤、涮、扒见长；酥脆鲜嫩，汤浓味足，形质并重，名实相符；菜路宽广，品类繁多。代表名菜主要有北京烤鸭、涮羊肉、三元烧头牛、黄焖鱼翅、一品燕菜、八宝豆腐等。

（二）上海菜

上海菜起源于清代中叶的浦江平原，后受到各地帮口和西餐的影响，特别是受淮扬菜系的影响最大，成为今天的海派菜。其影响波及全国，近年来在海外也有很高声誉。其风味特色是，精于红烧、生煸和糟卤，浓油酱赤，汤醇卤厚，鲜香适口，重视本味。代表性名菜主要有八宝鸭、虾籽大乌参、清炒素蟹粉、鱼皮馄饨、灌汤虾球、下巴划水、贵妃鸡等。

（三）东北菜

东北菜起源于辽金时期的契丹与女真部落，植根于东北大地，后受鲁菜影响并向东北平原扩展。其风味特色是：用料突出山珍海味，脂滋多咸，汁宽芡亮，焦酥脆嫩，形佳色艳，肥浓、香鲜、润口。代表性名菜有红梅鱼肚、鸡锤海参、猴头飞龙、锅包肉、白肉火锅、荷包里脊等。

（四）陕西菜

陕西菜起源于周秦时期的关中平原，活跃在渭水两岸，扩展于陕南陕北，对晋、豫和大西北都有影响。其风味特色是：以香为主，以咸定味，料重味浓，原汤原汁，肥浓酥烂，光滑利口。代表性名菜有奶汤锅子鱼、遍地锦装鳖、金钱酿发菜、温拌腰丝、红烧金鲤等。

（五）安徽菜

安徽菜起源于汉魏时期，中心在歙县，因商而彰，餐馆遍及三大流域的重镇。它由皖南风味（含歙县、屯溪、绩溪、黄山）、沿江风味（含安庆、铜陵、芜湖、合肥）、沿淮风味（含蚌埠、宿州、淮北）3个支系构成。其风味特色是：擅长制作山珍海味，精于烧炖、烟熏和糖调；重油、重色、重火力，原汁原味；

山乡风味浓郁，迎江寺茶点驰誉一方。代表性名菜有无为熏鸡、屯溪臭鳜鱼、八公山豆腐、软炸石鸡、毛峰熏鲥鱼、酥鲫鱼、金雀舌、葡萄鱼、椿芽拌鸡丝等。

（六）浙江菜

浙江菜起源于春秋时期的越国，活动中心在杭州湾沿岸，波及浙江全境。它由杭州风味（以西湖菜为代表）、宁波风味、绍兴风味、温州风味 4 个分支构成。其风味特色是：鲜嫩、软滑、精细，注重原味，鲜咸合一；擅长烹制海鲜、河鲜与家禽，富有鱼米之乡风情；形美色艳，掌故传闻多，饮食文化的格调较高。代表性名菜有西湖醋鱼、东坡肉、泥煨童鸡、一品南肉、冰糖甲鱼、蜜汁火方、干炸响铃、双味蝤蛑、龙井虾仁、芥菜鱼肚、西湖莼菜汤等。

（七）湖南菜

湖南菜起源于春秋时期的楚国，以古长沙为中心，遍及三湘四水，京、沪、台湾均见其踪迹。它由湘江流域风味（含长沙、湘潭、衡阳）、洞庭湖区风味（含常德、岳阳、益阳）、湖南山区风味（含大庸、吉首、怀化）3 大分支构成。其风味特色是：以水产品和熏腊原料为主体，多用烧、炖、腊、蒸诸法；咸香酸辣，油重色浓；姜豉突出，丰盛大方；民间肴馔别具一格，山林和水乡气质并重。代表性名菜有腊味合蒸、冰糖湘莲、麻仔鸡、潇湘五元龟、翠竹粉蒸鱼、红椒酿肉、牛中三杰、发丝百页、霸王别姬、五元神仙鸡、芙蓉鲫鱼等。

（八）福建菜

福建菜起源于秦汉时期的闽江流域，以闽侯县为中心向四方传播，流传东南亚与欧美。它由福州风味（含闽侯）、闽南风味（含泉州、漳州、厦门）、闽西风味（含三明、永安、龙岩）3 个分支构成。其风味特色是：清鲜、醇和、荤香、不腻；重淡爽、尚甜酸，善于调制珍馔；汤路宽广，佐料奇异，有“一汤十变”之誉。代表性名菜有佛跳墙、龙身凤尾虾、淡糟香螺片、鸡汤氽海蚌、太极芋泥、芙蓉鲟、七星丸、烧橘巴、玉兔睡芭蕉、通心河鳗、梅开二度、四大金刚等。

（九）湖北菜

湖北菜起源于春秋时期楚国都城郢都（今江陵），孕育于荆江河曲，曾影响整个长江流域和岭南，部分菜品传入相邻省区。它由汉沔风味（含武汉、孝感和沔阳）、荆南风味（含荆州、沙市和宜昌）、襄郧风味（含随州、襄阳和十堰）、鄂东南风味（含黄石、黄冈和咸宁）、鄂西土家族山乡风味（以恩施为中心）5 个分支构成。其风味特色是：水产为主，鱼菜为本；擅长蒸、煨、炸、烧、炒，习惯于鸡鸭鱼肉蛋奶合烹；汁浓芡亮，口鲜味醇，重本色，重质地。代表性名菜主要有清蒸武昌鱼、冬瓜鳖裙羹、鸡泥桃花鱼、沔阳三蒸、钟祥蟠龙、荆沙鱼糕等。

（十）河南菜

河南菜起源于商周时期的黄淮平原，以安阳、洛阳、开封三大古都为依托，向中原大地延展，波及京、杭甚至台湾。它由郑州风味、开封风味、洛阳风味、南阳风味、新乡风味、信阳风味 6 个分支构成。其风味特色是：重视火工与调味，鲜咸微辣，菜式大方朴实，特别是中州小吃自古有名。代表性名菜有软熘黄河鲤、铁锅蛋、清蒸白鳝、琥珀冬瓜、烧臆子等。

三、中国清真菜

中国回族、维吾尔族等大多信奉伊斯兰教的民族，在饮食习惯和禁忌方面共守伊斯兰教规，但在饮食风味方面，这些民族又各有特点。在中国信奉伊斯兰教的少数民族中，回族人口最多，分布最广，因此，狭义的“清真菜”就单指回族菜肴了。

（一）中国清真菜的发展历史

清真菜起源于唐代，发展于宋元，定型于明清，近代已形成完整的体系。早在唐代，由于当时社会经济的繁荣和域外通商活动的频繁，很多外国商人特别是阿拉伯人，带着本国的物产，从陆路（“丝

绸之路”)和水路(“香料之路”)进入中国,行商坐贾。自此,伊斯兰教便随之广布于中国。穆斯林独特的饮食习俗和禁忌逐步为信仰伊斯兰教的中国人所接受。到了元朝,回族逐渐形成,回族人已遍布全国。随着中国穆斯林人数的增多,回族菜便迅速发展起来。

由于回族菜风味独特,很多非穆斯林对之钟爱有加,所以很多古代食谱对回族菜点亦加载录,如元代的《居家必用事类全集》,载录了“秃秃麻失”“河西肺”“克儿匹刺”“八耳搭”“哈耳尾”“古刺赤”“哈里撒”等十二款回族菜点,不过这些菜点多为阿拉伯译音,其制法与今之清真菜点也不同,且甜食居多,由此推测,元代的回族菜,较多地保留了阿拉伯国家菜肴的特色。随后,元代宫廷太医忽思慧在其《饮膳正要》中载录了不少回族菜肴,但与《居家必用事类全集》不同的是,羊肉为主要原料的菜品居多。

清真菜广泛流行于民间,清代,北京出现了不少至今仍颇有名气的清真餐馆,如东来顺、烤肉宛、烤肉季、又一顺等。这些地方烹制出来的清真风味,都可称得上是京中佳馔,其影响和魅力波及清宫廷。宫廷御膳中,有不少得传于京城著名清真餐馆的菜品,如“酸辣羊肠羊肚热锅”“炸羊肉紫盖”“哈密羊肉”等,这些菜品与现代的清真菜肴非常接近。

(二) 清真风味的基本特点

清真菜在其发展过程中,善于吸收其他民族风味菜肴之优点,将好的烹调方法引入清真菜的制作过程中,如清真菜中的“东坡羊肉”“宫保羊肉”得传于汉族的风味菜肴。而“涮羊肉”原为满族菜,“烤羊肉”原为蒙古族菜,后来都成为清真餐馆热衷经营的风味名菜。

由于各地物产及饮食习惯的影响,中国清真菜形成了三大流派:一是西北地区的清真菜,善于利用当地物产的牛羊肉、牛羊奶及哈密瓜、葡萄干等原料制作菜肴,风格古朴典雅,耐人寻味;二是华北地区的清真菜,取料广博,除牛羊肉外,海味、河鲜、禽蛋、果蔬皆可取用,讲究火候,精于刀工,色香味并重;三是西南地区的清真菜,善于利用家禽和菌类植物,菜肴清鲜淡雅,注重保持原汁原味。

清真菜有着很鲜明的特点,主要表现在以下几个方面。

一是饮食禁忌严格,主要表现在原料的使用方面。这种禁忌习俗来源于伊斯兰教规。伊斯兰教主张吃“佳美”“合法”的食物,所谓“佳美”就是清洁、可口、富于营养。诸如鹰、虎、豹、狼、驴、骡等凶猛禽兽及无鳞鱼皆不可食。而那些食草动物(包括食谷的禽类)如牛、羊、驼、鹿、兔、鸡、鸭、鹅、鸠、鸽等,以及河海中有鳞的鱼类,都是穆斯林食规中允许食的食物。

二是选料严谨、工艺精细、食品洁净、菜式多样。清真菜的用料主要取于牛、羊两大类,而羊肉用料尤多。烹制羊肉是穆斯林最擅长的。早在清代,就已有清真“全羊席”,“如设盛筵,可以羊之全体为之,蒸之,烹之,炮之,炒之,爆之,灼之,熏之,炸之。汤也,羹也,膏也,甜也,咸也,兼也,椒盐也。所盛之器,或为碗,或为盘,或为碟。无往而不见为羊也,多至七八十品,品各异味”(《清稗类钞·饮食类》),这充分体现了厨师高超的烹饪技艺。至同治、光绪年间,“全羊席”更为盛行,以后,终因此席过于靡费而逐渐演变成“全羊大菜”。“全羊大菜”由“独脊髓”(羊脊髓)、“炸蹦肚仁”(羊肚仁)、“单爆腰”(羊腰子)、“烹千里风”(羊耳朵)、“炸羊脑”、“白扒蹄筋”(羊蹄)、“红扒羊舌”“独羊眼”八道菜肴组成,是“全羊席”的精华,也是清真菜中的名馔。

三是口味偏重鲜咸、汁浓味厚、肥而不腻、嫩而不膻。清真菜的烹饪方法很独特,较多地保留了游牧民族的饮食习俗。如“炮”,就是清真风味中独有的一种烹调方法,它将原料和调料放在炮铛上,用旺火热油,不断翻搅,直到汁干肉熟。以清真名菜“炮羊肉”为例,先将羊后腿肉切成薄片,在炮铛上洒一层油,油熟后放入肉片及卤油、酱油、料酒、醋、姜末、蒜末等调料,待炮干汁水,再放入葱丝,葱熟,溢出香味即可。倘若此时再续炮片刻,待肉散发出糊香味,则是另一道清真名菜“炮糊”。清真菜中的涮羊肉、烤牛肉、烤羊肉串等菜肴,也都久负盛誉。由于在一些大、中城市中,各民族长期混居,从事烹饪行业的回族人特别善于学习和吸取其他民族中好的烹饪方法,因而使清真菜的烹饪技法由简到繁,日臻完善,炒、熘、爆、扒、烩、烧、煎、炸,无所不精,形成了独具一格的清真菜体系。

四是清真菜筵席特色鲜明，各地名馔繁多。清真菜筵席具有繁简兼收、雅俗共赏、高中低档兼备、色香味形并美的特点。此外，中国清真名菜有五百多种，如“葱爆羊肉”“焦熘肉片”“黄焖牛肉”“扒羊肉条”“清水爆肚”等，都是各地餐馆中常见的名品。各地名馔不胜数计，如兰州的“甘肃炒鸡块”、银川的“麻辣羊羔肉”、西安的“羊肉泡馍”、青海的“青海手抓肉”、吉林的“清烧鹿肉”、北京的“它似蜜”和“独鱼腐”等，都是当地厨师特别拿手的清真风味名菜，其风味独树一帜。至于清真小吃，用料广泛，制作精细，适应时令，颇受人们的喜爱。

第三节 中点主要流派

学习目标

1. 熟悉三大面点流派。
2. 了解除三大面点流派之外的八种小吃帮式和九类特色细点。

一、三大面点流派

面点是以米、麦、豆、薯等为主料，肉品、蛋奶、蔬果、调味品等为辅料，通过制坯、包馅、成形、熟制等工序制成的食品。它包括中点和西点、饭食和糕点、大路点心和筵宴点心、日常小吃和节令小吃、通行面点和地方专有面点，以及历史名点、祭点、礼点、民族点心和饮誉四海的“特色细点”等。其特色是，历史悠久，品种丰富，帮式众多，宜时当令，可塑性强。

（一）京式面点

京式面点以北京为中心，旁及天津、山东、山西、河北与河南，辐射东北、西北等地。因其流传地域广，故又称“华北面食”或“北方面食”。

京式面点多以小麦粉作主料，擅长调制各种面团，尤精于手工制作面条，有“四大名面”（抻面、刀削面、小刀面、拨鱼面）传世。其风味特色是：面团多变，馅心考究，造型古朴，成熟方法多样；质感润滑，柔韧筋道，鲜咸香美，软嫩松泡。

京式面点的代表品种有：北京的龙须面、小窝头、艾窝窝（糯米、芝麻、桃仁、青梅、白糖等制成）和肉末烧饼；天津的狗不理包子、耳朵眼炸糕和十八街麻花；山东的蓬莱小面、盘丝饼和状元饺；山西的刀削面、头脑（又名八珍汤或十全大补汤，用羊肉、山药、莲藕、面粉等煮制）和拨鱼儿（用竹筷将面团拨成小鱼状煮熟）；河北的杠子馍、饶阳金丝杂面和一篓油水饺；河南的沈丘贡馍、博望锅盔和武陟油茶（芝麻、花生、核桃、干面粉、香料等用油炒熟，开水冲食或煮食）；辽宁的马家烧卖和萨其马；陕西的牛羊肉泡馍和甑糕；内蒙古的奶炒米和哈达饼等。

（二）江南面点

江南面点以江苏为中心，旁及上海、浙江、安徽、江西等地，辐射湖北和湖南。因其流行地域主要是长江中下游，故又称为“华东面食”或“下江面食”。

江南面点兼用米面与杂粮，擅长调制糕团、豆品、茶点与船点，造型精巧，富于生活情趣。江南面点有宁沪、苏锡、淮扬、越绍、皖赣、荆楚等支系。其共同特色是：重调理，口味厚，色深略甜，馅心讲究掺冻；名称秀丽，形态艳美，精巧玲珑。

江南面点的代表品种有：江苏的淮安文楼汤包、扬州富春三丁包、苏州糕团和无锡太湖船点；上海的南翔馒头、排骨年糕和小绍兴鸡粥；浙江的虾爆鳝面、宁波汤圆和五芳斋粽子；安徽的黄豆肉馃、

乌饭团和笼糊；江西的信丰萝卜饺、黄元米馃和包面；湖北的三鲜豆皮和热干面；湖南的和记牛肉米粉和姊妹团子等。

（三）广式面点

广式面点以广东为中心，辐射广西、海南、香港、澳门、福建、台湾等地。因其流传地域主要是珠江流域和东南沿海，故又称“华南面食”或“闽粤面食”。

广式面点善用薯芋和鱼虾作坯料，其茶点与席点久负盛名，富有南国文化情韵。风味特色是：讲究形态、花式与色泽，四季多变；油、糖、蛋、奶用料重，馅心晶莹；造型纤巧，口感香滑。

广式面点的代表品种有：广东的叉烧包、虾饺、沙河粉和艇仔粥；广西的马肉米粉、太牢烧梅和靖江大年粽；海南的竹筒饭、云吞和芋角；港澳的水饺面、马拉糕和椰茸饼；福建的鼎边糊、米酒糊牛肉和蚝仔煎；台湾的“棺材板”、蛤子烫饭和椰丝糯米团等。

二、八种小吃帮式

小吃又叫小食、零吃，指正餐和主食之外，用于充饥、消闲的制品。小吃是面点中的一大系列，其特色是，用料荤素兼备，价廉物美，常在街头销售，地方风味浓郁，食客众多。

（一）北京小吃

北京小吃始萌于辽金，至元初见雏形，明清日趋丰实。它包括汉民风味小吃、回民风味小吃和宫廷风味小吃三大类，有荤素、甜咸、干湿、冷热之分，共300余种，集中在隆福寺、西四牌楼、大栅栏、天桥和王府井一带供应。

北京小吃的风味特色是：第一，应时当令，适应节俗。春有艾窝窝和驴打滚，夏有杏仁豆腐和漏鱼，秋有栗子糕和烤白薯，冬有羊肉杂面和盆糕。第二，用料广博，品种丰富。如豆类制品有近10种，烧饼有10多种，佐配料有100余种。第三，技法多样，工艺精巧。第四，奶茶铺众多，专门供应奶酪、奶干、奶卷、奶饽饽、奶棋子、水乌他等。

北京汉民小吃的代表品种有：都一处的三鲜烧卖、天仙居的炒肝、馄饨侯的馄饨和景泉居的苏造肉。北京回民小吃的代表品种有：老豆腐配火烧、馅饼配小米粥、薄脆配牛舌饼、豆汁配咸菜。北京宫廷小吃的代表品种有：豌豆黄、芸豆卷、肉末烧饼和栗子糕。

（二）天津小吃

天津小吃孕育于宋元，成熟在明清，随天津兴盛而兴盛。民国初年出现五个小吃摊群，异常红火。

天津小吃的风味特色是：第一，面食品占多数，选料广而精，小吃资源雄厚，四时品种不同；第二，五方杂处，广集南北小吃技艺之精华，制作细且严；第三，档次分明，各味兼备，有北方滨海商会的特殊气质；第四，经营方式灵活，网点成片，早市、午市和夜市兴隆。“南市食品街”驰誉全国。

天津小吃的代表品种有：狗不理包子、桂发祥大麻花、耳朵眼炸糕、贴饽饽熬小鱼、嘎巴菜、炸蚂蚁、五香驴肉、全羊汤、杨树糕干、棒槌馃子。

（三）山东小吃

山东小吃始于汉代，北魏的《齐民要术》已见记载，唐宋不断增添品种，明清形成体系。现今品种多达数百种，有民间小吃、肆食小吃、宴席小吃等系列。

山东小吃的风味特色是：第一，大多源自民间，与当地生产、生活习俗和气候、物产相关；第二，技法多达10余种，各种面团齐备，馅心形形色色；第三，物美价廉，城乡随处可见；第四，制作时明堂亮灶，常以精妙绝活吸引路人观赏。

山东小吃的代表品种有：周村酥烧饼、潍县杠子头火烧、蓬莱小面、博山石蛤蟆饺子、单县羊肉汤、福山拉面、鸡肉糁、甜沫、潍坊朝天锅。

（四）山西小吃

山西小吃始于汉唐，兴在宋元，形成晋式面点、面类小吃和山西面饭三大系列，共有500多个品种。其花样之繁，功力之深，为全国之冠，向有“世界面食在中国，中国面食在山西，山西面食在太原”之说。

晋式面点，注重色味质感，讲究看好吃香，调配认真，做工精细。传统品种有金丝一窝酥、麻仁太师饼、天花鸡丝卷、火腿萝卜饼等百余种。

山西小吃，品种多样，季节性强，黄土高原情韵浓厚，有荞麦灌肠、豆面瞪眼、莜面搓鱼、太谷饼等百余种。

山西面饭，乃山西小吃之精华，集中国“面饭”（以面食为正餐之意）之大成。其特色是：第一，米麦豆薯，皆可制作，面团多达20余种；第二，花式繁多，技法奇绝，有拉面、削面、拨鱼、蘸尖等100余种；第三，制熟方法多样，煮、炸、炒、焖、蒸、煎、烩、煨，应有尽有；第四，浇头（指浇料、浇酱、浇汁、浇卤等）有7大类、100余种；第五，面码（面条上加臊子，如肉丝、鸡蛋之类）和小料（调味碟），因面而变，四季有别。名品有太谷流尖菜饭、吕梁山药合冷、雁北莜面饺子、昔阳扁食头脑和汾阳酸汤削面等。

山西小吃中还有不少全国罕见的品种，如栲栳（即莜面窝窝）、滑垒、漂抿曲、油柿子，以及“面人”“面羊”等富有黄河流域传统文化色彩和民间生活喜庆气息的“礼馍”。

（五）上海小吃

上海小吃始自南宋，最早出现的是春玺（即春卷）、栗粽；明清时期，又推出纱帽烧卖、薄荷糕等高档品种。现今又有城隍庙小吃、高桥糕饼等系列，有较高知名度。

上海小吃的风味特色是：第一，品种丰富，兼具南北风味，多达700余款，杏花楼月饼、乔家栅糕团等脍炙人口；第二，选料严谨，工艺精细，如制作桂花薄荷糖油馅心有近10道工序，迷你火腿粽子仅有拇指大小；第三，适应节令，因时变更，春有汤团，夏有凉面，秋有蟹粉小笼，冬有羊肉煮面；第四，供应方便，摊点密布，“小吃群”林立，各档兼备，丰俭任选。

上海小吃的代表品种有生煎馒头、南翔小笼馒头、徐行茇糕、松江地栗球、桂花拉糕、排骨年糕、菜肉大馄饨、八宝酥盒、全色鸡鸭血汤、鸽蛋圆子、面筋百页、粢饭糕、阳春面。

（六）江苏小吃

江苏小吃起源于先秦时期的吴越，历经百代而不衰，向有“金陵小食，美甲天下”的定评。它包括扬州富春茶点、南京夫子庙小吃、苏州观前街小吃、无锡太湖船点、南通小吃等支系，品种多达千余种。

江苏小吃的风味特色是：第一，原料多用花卉、海鲜和野菜，口感清鲜，风味别致；第二，制作精细，造型玲珑，注重原汁配汤，松软爽口；第三，有浓厚的市民饮食文化特色。

江苏小吃的代表品种有三丁包、茶馓、煮干丝、水晶肴肉、五香回卤干、盐金花菜、梨膏糖、酱螺蛳、猪油年糕、青蒿团。

（七）川渝小吃

川渝小吃始于汉魏，兴于唐宋，成熟在明清，包括成都、重庆、自贡、乐山、绵阳、南充、宜宾、内江、泸州、万县、涪陵、达县诸支系，是西南风味小吃的典型代表。

川渝小吃的风味特色是：第一，用料广泛，从米麦豆薯到鸡鸭鱼肉，从蛋奶蔬果到山菜野味，无不取之，特别是豆、薯的利用，卓有创造；第二，技法全面，品种多样，技法有10余种，品种有数百，还有独一无二的“宜宾燃面”；第三，注重传统工艺，多以创制者的姓氏命名，像龙抄手、钟水饺、赖汤圆、马红苕、韩包子、高豆花等都秉承古法，一丝不苟；第四，善于调制复合味，味型多达几十种，与川菜异曲同工；第五，有零吃、套餐、小吃席等，都以“老字号”为招牌，吸引食客。

川渝小吃的代表品种有赖汤圆、龙抄手、钟水饺、马红苕、韩包子、担担面、火边子牛肉、宜宾燃面、大竹醪糟、广汉三合泥。

（八）广东小吃

广东小吃起源于唐宋，元明有较大发展，清代尤盛，20 世纪 30 年代蔚为大观。它包括油品、糕品、粉面品、粥品、甜品、杂食六类，其中面皮有四大类 23 种，馅有三大类 47 种，共有点心 2000 余种，品类之多，为各省区之冠。

广东小吃的风味特色是：第一，糖、油、蛋、奶下料重，酥点居多；第二，微生物发酵与化学剂催发并用，质地异常松软；第三，馅料重用鱼虾鸡鸭和花卉果珍，味鲜且香；第四，依据节令上市，四季界限分明；第五，款式新颖，型制纤巧，名贵高档；第六，命名典雅，多为五字，富有画意诗情。

广东小吃的代表品种有蚝油叉烧包、薄皮鲜虾饺、生磨马蹄糕、五彩皮蛋酥、绿茵白兔饺、陶陶居月饼、煎堆、沙河粉、艇仔粥、粉果。

此外，还有湖北小吃、湖南小吃、辽宁小吃、新疆小吃、陕西小吃、河南小吃、云南小吃、台湾小吃等。

三、九类特色细点

特色细点是从众多主食、面点、糕点和小吃中精选出来的名珍玉点系列，其最大特色是能分别呈现不同的文化情韵，是中国白案工艺精华的凝聚。特色细点共有以下九类。

（一）北京宫廷御点

北京宫廷御点诞生在清代宫廷，是在周、秦、汉、唐、宋、元、明等朝御用点心的基础上，融合满洲饽饽、蒙古“白食”、回民节点、晋鲁面食和江南细点之长演化而成。清灭亡后，它以“仿膳”形式保留下来，现今仍有供应。

宫廷御点例由清宫“掌关防处”（又称内管领处，隶属内务府，负责清宫房屋整修、卫生绿化、饭食原料供应和糕饼制作，有差役 4900 余人，属官 40 余人）督办，“内饽饽房”和“外饽饽房”制作。其中，“内饽饽房”承制帝后日常和节庆点心以及供佛斋点；“外饽饽房”承制宫廷筵宴和其他供桌点心。从品种上看，有口蘑鸡丝卤面、猪肉馅绉纱馄饨、鸭肉馅临清饺子、竹节卷小馒首、糊油包子、莲花卷、炸煎饼盒、肉末烧饼、小窝头、苏糕、蜂蜜印、红白馓子等 40 多个门类、数百种花色。

北京宫廷御点的风味特色：一是用料广泛，但不猎奇，很少使用山珍海味和名菌异果；二是面团多样，制熟方法齐备，各有十多种；三是型制精巧，质量规范，突出吉祥图案，用料与大小均有定规；四是满族风味为主，兼顾其他，富于变化；五是命名朴实，没有雕琢痕迹；六是具有清宫饮食文化情韵，以及满族生活特色。

（二）山西喜庆礼馍

山西喜庆礼馍又称福供、喜供、面人、面羊或面塑花馍，是民间创造的一种象形工艺馒头，有近 2000 年传播历史。其造型，古代多为六畜三禽、龙凤龟蛇、松竹梅菊和福禄寿仙，现代则是金蟾（两栖类动物蟾蜍的美称）元宝、喜鹊鲤鱼、桃杏柿枣和神话人物，带有北方农村生活气息和黄河流域文化情韵。它广泛用于民间红白喜庆宴会，也是四时八节的祈福供品，还可作为孕妇、乳母和婴幼儿的营养品，也可表示恋情、孝敬老人、奖赏孩子和作为馈赠亲友的礼物。

研究者认为：山西礼馍的根系，是女娲创造万物生灵的远古神话以及原始农业文明中的图腾信仰；山西礼馍的支干，是民间重客好礼的风尚和种族繁衍的寄托；山西礼馍的花果，是黄河流域面点工艺的升华和农家妇女慧心巧手的结晶。

中国的山东、河北、河南、陕西、甘肃、宁夏等省区，都能制作喜庆礼馍，但是传播最广者应首推山西，尤其是临汾、侯马、长治、五台山等地，技艺更为精绝。名品有太极图馍、日月灯烛馍、百子葫芦

馍、虎头娃馍、牛虎合型馍、母子蜘蛛馍、狮子盘绣球馍、羊馍、十二生肖馍、二龙戏珠馍、牡丹花馍、花篮馍、盖皮馍、出门馍、祭祖馍、枣山馍以及霍州面塑花馍等，大者重达 5～10 千克，小者仅有 25～100 克，皆惟妙惟肖，栩栩如生。什么节日、什么场合做什么礼馍，各有讲究。如小麦上场后蒸麦积馍，中秋祭月蒸月饼馍，重九登高蒸枣糕馍，邻家盖房送上梁馍，小孩满月送项圈馍，亲友结婚送馄饨馍，老人过寿送寿桃馍，祖辈去世时蒸猪头馍。馍多在麦收后与中元前制作，由于当地特殊的地理和气候原因，一般可以存放 1～3 个月。

（三）苏州传统糕团

苏州传统糕团是江南米制品中的佼佼者，诞生于历史文化名城苏州，是吴文化、苏州园林、苏菜苏点、风流文士雅集诸因素融汇的产物。它包括糕干与水团两个大类，品种多达百余。其中，糕干多用糯、粳米按 7 与 3 之比或 6 与 4 之比磨粉蒸成，甜咸皆备，馅心有玫瑰、枣泥、椒盐、虾肉数十种，用模具或改刀成形，名品有大方糕、八珍糕、猪油年糕、百果蜜糕、松子糕、定胜糕等。水团则是手工成形，包括：①汤团，用糯、粳米按 8 与 2 之比磨浆，吊干成粉，包馅煮制，其色雪白；②青团，用麦叶或青菜取汁，拌纯糯米粉，内包豆沙猪油馅煮制，其色碧绿；③油汆团，以纯糯米粉包鲜肉馅炸制，其色金黄。名品有桂花元宵、青团、萝卜丝团、南瓜团、五色汤团、炸肉团等。

苏州传统糕团全部采用生物色素和天然香料，有“绿色食品”之誉；形如牙雕玉琢，艳丽夺目。

（四）无锡太湖船点

无锡太湖船点诞生于太湖中的游舫，其源可上溯到春秋时期的吴越船宴，明代大盛。船点大多模拟鱼虫鸟兽、花卉瓜果形态，一盘 10 件，各不相同，常与“船菜”配套。

无锡太湖船点以混合米粉作坯，加麦叶汁或菜汁染色，内包荤素甜咸馅心，每件 5～15 克，蒸熟配套装盘。型制有南瓜、白菜、葫芦、番茄、西瓜、茄子、小兔、雏鸡、小鸭、小鸟、金鱼、螃蟹之类，酷似瓷塑小品。

无锡太湖船点与山西喜庆礼馍，都具有工艺精湛、形态夸张、口感柔和、色调自然的特色。它们异曲同工，南北辉映，展示出长江与黄河两大流域饮食文明的不同情味。

（五）扬州富春茶食

扬州富春茶食诞生于扬州的茶肆，约有 1200 年历史。清代最盛，有“扬州茶肆，甲于天下”之说。由于现今的供应中心，是位于扬州市得胜桥街，1885 年开业，以经营三丁包子、翡翠烧卖、千层油糕、双麻酥饼著称的富春茶社，故习惯上以“扬州富春茶食”命名。

它的特色：一是网点密布，环境优美。像乾隆年间高级茶社便多达数十家，二梅轩、文杏园、双虹楼、小秦淮是其中代表。这些茶社，“楼台亭舍，花木竹石”“杯盘匙箸，无不精美”，现今的富春茶社同样如此。二是茶点精致，服务周全。有茶点 200 余款，三丁包、蟹黄包、荠菜包、雪笋包闻名遐迩。三是名士相邀，品茗论艺。扬州茶肆的常客多为读书人，文化品位较高。闲暇聚会，文质彬彬，赋予富春茶食清新的气质。四是包含许多茶食掌故，留下不少茶食诗文。

（六）杭州灵隐斋点

杭州灵隐斋点诞生在杭州市郊灵隐寺，有近 1700 年历史。自东晋建寺后，灵隐寺香火一直鼎盛，号称“东南第一佛国”，寺内常备茶点接待施主。到了吴越王钱俶主政时，这里已有供 3000 僧众进餐的香积厨（僧寺厨房的古称）。后来充实“香饭”“素点”，更上一层楼。1980 年，可设 600 余个餐位的斋堂对外开放，200～2000 元一席的斋菜斋点很快风靡江浙。

杭州灵隐斋点属于清素型，素质、素形、素名，具有的特色：一是水调面、水油面、浆皮面、米粉面等兼备；二是馅心多用瓜蔬、果仁、豆泥、糖浆制作；三是成形方式有手捏和压模两种，主要是几何图案与花果形态；四是烘烤烙、蒸煮汆、煎炸、炒爆并用。这些斋点小巧玲珑、滋味芬芳、清新秀美，体现

了杭州山水灵气和大乘佛教饮食文化的特色。

杭州灵隐斋点的代表品种有年糕、汤团、艾饺(茼蒿馅饺子)、青团、小香粽、绿豆糕、乌米饭、千层糕、冬至面、腊八粥、百果酥、麻仁饼、地菜包子、灵隐馒头。

（七）满族祭祖饽饽

满族祭祖饽饽又称东陵祭点或满洲饽饽,流传在信奉萨满教的满族和鄂温克族、赫哲族等少数民族中,有800余年历史。它由满族传统主食——饽饽发展而来,经过改造,变成御膳的小窝头和萨其马等名点;再按清宫礼制加以规范,则成为清帝在东陵祭祖的供品。

萨满教有一套神秘的祭神祀祖仪式,尤为讲究祭品的丰盛和精洁。早期的祭祖饽饽,有果馅厚酥饽饽、鱼儿饽饽、匙子饽饽、菊花饽饽、江米糕、七星饼、杞奶子糕、山梨面糕等几十种,习用黏黄米、小黄米、黏高粱、黏玉米粉制作,近似汉民的馒头或糕点,特色是一黏、二凉、三甜。后来传入民间,变成节日点心,分为500克8块的“东陵大八件”和500克16块的“东陵小八件”。它们都呈圆形,有红有白,馅心各异,包括太师饼、松饼、玫瑰饼、龙凤饼、山楂桃、核桃酥等近百个品种,构成一个精美点心系列,由“满洲饽饽铺”专门生产和配套销售,风靡京华达二三百年。

（八）内蒙古草原白食

内蒙古草原白食流传在信奉藏传佛教的蒙古族牧民中,有800余年历史。白食在蒙古语中叫“查干伊德”,专指奶面食品,因其奶香可口、洁白如玉,故名。白食是蒙古族牧民的主食之一,包括牛奶、羊奶、马奶、驼奶、鹿奶、酸奶、奶茶、马奶酒、奶酪、奶酥、奶油、奶皮子、奶疙瘩、奶豆腐、奶炒米、奶炒面、奶面条、奶包子、哈达饼等;也可宴请宾客,祭祀神祖。

白食中最著名的是醍醐、酥酪和马奶酒组成的“塞北三珍”。醍醐即纯酥油,从牛羊奶中多次提炼而成,其色橘黄,油质细腻,甘香味美,爽口宜人,古时有“醍醐灌顶”之说,乃食疗佳品。酥酪指没有提取酥油的奶子,营养丰富,味道鲜美,用它可制成精美的“奶乌他”与“酥酪蝉”。马奶酒由马奶经六蒸六酿后精制而成,味似甘露,能够消肿、除湿、滋脾、养胃,是蒙医的常用方剂。

“白”在蒙古族心目中,有圣洁、纯净、真诚的含义,故而以白为吉色,节日里常穿白色袍服,对白食相当珍爱。不仅有“白节”“马奶节”,还创作出许多讴歌白食的文艺作品,表现出这个“马背上的民族”的理念和情操。

（九）藏胞标花酥糕

藏胞标花酥糕流传在500多万藏民之中,有1400余年历史。它以藏式裱花大酥糕——“推”为代表,还有“喀赛”(酥油、面粉加糖炸制)、“隆过”(羊头状酥油雕塑)、“契玛”(酥油、糌粑拌糖炒麦粒)、“切玛”(人参果——蕨麻籽和酥油调制,以五谷和牦牛作图案),以及用面粉、牛奶、麻油、精盐酵制,重达2.5～100千克,可保存数月的“河曲大饼”等。

“推”是用奶杂子(提炼奶油等物后所剩的奶渣)、酥油、糌粑和白糖等作原料,调匀熟制后在长方形木模中压制成形,再用各色酥油点缀,标绘出龙、凤和“扎吉德额”(吉祥如意)图案的酥糕。宴请贵宾时,“推”摆在餐桌正中,左边放春笋状奶制品“那拉”,右边放粉蛋糖油炸制的“卡布塞”,前面摆牦牛肉制成的“夏干布”,后面摆人参果和酥油制成的“玛折斯”,以及酥油茶和青稞酒。更隆重时还添加耳朵形的“苦过”、长条形的“那夏”、麻花形的“大东”、圆盘形的“布鲁”等油酥制品,异常丰盛。

藏胞标花酥糕表现出藏民特有的“青藏高原奶食文化”风采,有较高的审美价值。

习题

1. 烹饪风味流派的定义是什么?
2. 烹饪风味流派的成因具体有哪些?
3. 江苏菜有哪四大风味?

4. 明清之际，粤菜为何能从各大菜系中脱颖而出，名扬四海？
5. 中国烹饪的三大面点流派是什么？
6. 江南面点有哪些支系，其共同特色是什么？
7. 除三大面点流派之外，还有哪些小吃帮式？

第五章

中国餐饮文化

导学

扫码看课件

中国餐饮文化是中国人在消费烹饪加工而成的食品过程中，形成的观念、制度、习俗、礼仪、规范，以及反映这方面积淀的历史文化遗产。中国餐饮文化中的制度体系体现了丰富的礼乐精神和复杂的政治内涵。

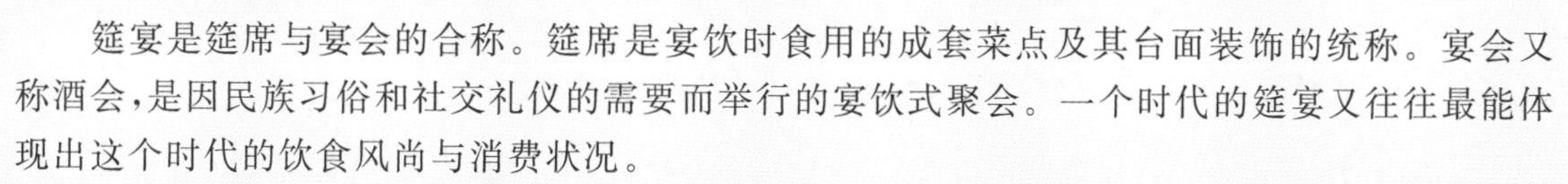

筵宴是筵席与宴会的合称。筵席是宴饮时食用的成套菜点及其台面装饰的统称。宴会又称酒会，是因民族习俗和社交礼仪的需要而举行的宴饮式聚会。一个时代的筵宴又往往最能体现出这个时代的饮食风尚与消费状况。

中国现代筵宴由酒水冷碟、热炒大菜、饭点茶果三大板块构成，有计划、按比例地依次推出。筵宴的席谱又称席单、宴单，是根据筵宴结构与要求，将酒水冷碟、热炒大菜、饭点茶果按一定比例和程序编成的文字记录。

市肆风味，即人们常说的餐馆菜，是饮食市肆制作并出售的肴馔的总称。中国历史上市肆饮食的兴起与发展，始终伴随着社会经济主旋律的变化，经受着市场贸易与文化交流的互动影响。

祭祀菜、宫廷菜、官府菜、商贾菜和寺观菜是受文化影响而形成的菜品风味。

近现代西方餐饮文化的传入，国内不同地域餐饮文化的交流，使长江流域各地区的餐饮文化产生了既有传统特征，又有外来风格的变迁，在文化形态上完成了传统向近现代的转型，并促进了中国社会更加开放。

第一节 餐饮文化的定义

学习目标

1. 熟悉餐饮文化的定义。
2. 了解中国餐饮文化的价值体系和制度体系。

餐饮文化是一个广泛的社会概念，人类为了生存，首先要满足吃喝的需要。人们吃喝什么，怎么吃喝，吃喝的目的、吃喝的效果、吃喝的观念、吃喝的情趣、吃喝的礼仪等饮食现象，都属于餐饮文化范畴，它贯穿于人类的整个发展历程，渗透企业经营和饮食活动的全过程，体现在人类活动的各个方面、各个环节之中。

中国餐饮文化是中国人在消费烹饪加工而成的食品过程中，形成的观念、制度、习俗、礼仪、规范，以及反映这方面积淀的历史文化遗产。它是在中国传统文化背景下产生的价值体系和制度体系。

中国餐饮文化的价值体系是指中华民族及其祖先在长期饮食生活实践中形成的规范、精神、人格、主观的文化成就，例如，滕王阁大会“胜友如云”“高朋满座”“盛筵伟饯”“登高作赋”，堪称一次高规格的雅食大会，与之相似的还有王羲之的兰亭聚会、欧阳修的醉翁亭宴、东坡游于赤壁之下的舟中之宴等，都竭力追求精食、佳茗、美器、可人、良辰、美景、韵事等方面的完美统一，体现了与宴者的价值观念与审美情趣。中国餐饮文化的价值体系包括中国人在消费中通过对饮食生活实践的概括抽象而形成的学科理论以及有关联系、比较等。餐饮文化知识，记录了中国人世代积累的文化创造和文化传播的内容，成为中华文明得以传承的载体之一。

中国餐饮文化的制度体系包括中国人在饮食消费过程中所产生的制度约束和行为准则。餐饮文化的制度体系与政治、经济及社会思想意识相对应，是社会的政治、经济与社会思想意识的反映。例如，传说中的夏禹铸九鼎，使与人类饮食生活密切相关的炊具变成了王权之器和国家的象征。又如，在西周的“礼”中，饮食器具成为“礼器”，周人餐饮活动中所遵循的一系列礼仪礼制，已成为统治者强化等级制度、维系层层隶属的社会等级关系的重要手段，成为人们必须恪守的行为准则。中国餐饮文化中的制度体系体现了丰富的礼乐精神和复杂的政治内涵。

第二节 筵宴

学习目标

1. 熟悉筵宴的定义、规格和类别。
2. 了解筵宴是如何形成的。
3. 清楚筵宴的传承与发展过程。
4. 理解饮宴活动与文人雅士情趣间的关系。
5. 熟悉中国现代筵宴的构成与席谱设计。
6. 明确筵宴分餐制势在必行。

一、筵宴的定义、规格和类别

（一）筵宴的定义

筵宴是筵席与宴会的合称。二者词义接近，也有差别。

筵席，古称燕饮或会饮，现在叫酒席或宴席，是宴饮时食用的成套菜点及其台面装饰的统称。先秦时期宴客多是席地而坐，“筵”与“席”原来都是竹、草编织的坐具或垫具，后世才演变为酒席专称。从现象看，筵席是人们精心编排和制作的整套食品，是茶、酒、菜点、果等的艺术组合。无论操办什么筵席，都必须选择优质原料，运用精湛技艺，制出可口美食，辅以隆重礼节，表达主人情谊。

宴会又称酒会，是因民族习俗和社交礼仪的需要而举行的宴饮式聚会。其形式有国宴、专宴、便宴、家宴等，特征是饮宴、娱乐、社交、晤谈相结合。由于宴会必备筵席，两者功能相近，因而常合称筵宴。

与筵席相比，宴会更注重社交功能和接待礼仪，因此除“席谱设计”外，它还多了一个“宴会设计”。在宴会设计中，要求主旨鲜明，强化意境，展示民俗，突出礼仪，并且美观大方，舒适安全，方便实用，程式严谨；在场景、台面、席谱、程序、礼仪、安全等方面都有周全的考虑，并通过训练有素的服务人员协助主人妥善完成“筵席社交”的任务。宴会大都隆重而热烈，典雅而丰盛；费工、费时、费钱

财，规格比一般酒席高。所以，现今普通聚饮，一般只叫筵席而不称作宴会。

（二）筵宴的规格

筵宴的规格是就其等级而言的。古代，在宗法思想支配下，筵宴等级明显，不同阶层享用不同的酒宴。如“天子九鼎，诸侯七，卿夫（指卿大夫）五，元士（指士）三也”。现今筵宴一般分作低、中、高、特四档，衡量等级的标尺有 6 个，即菜点质量、原料价位、烹制难易、餐馆声誉、餐室设备和接待礼仪。

（三）筵宴的类别

中国筵宴分类通常有三个体系，即教材分类法、行业分类法和情采分类法，它们各有短长。

❶ 教材分类法

教材分类法按筵宴的民族文化特性，分作中国传统筵宴和中西结合酒宴两个大类。在中国传统筵宴中，再细分为宴会席和便餐席：前者包括国宴、专宴和各地风味名席等；后者包括家宴、便席、菜席（由餐馆根据就餐人数和就餐标准灵活排菜的简易席面）和会议桌菜等。在中西结合酒宴中，则有招待会、自助餐宴、冷餐酒会、仿拟的外国筵宴等类型。

❷ 行业分类法

行业分类法按筵宴的商品属性和促销习惯分类，它有悠久的历史，活跃在餐饮市场中，不仅能体现筵宴风采，也与餐饮业经营结合紧密。这种分类法自身亦有多种类型。一是按地方风味分，如川菜席、鲁菜席、粤菜席。每种风味又可再分，如川菜席又可再分为成都菜席、重庆菜席、自贡菜席等。二是按菜品数目分，有十大碗席、九九上寿席等。如此分类，一可从数量上体现筵宴规格，二可满足人们企丰求盛心态，兼顾乡风民俗。三是按头菜名称分，如烤鸭席、鳜鱼席。头菜即筵宴中的“帅菜”，它一旦确定，其他菜品便“云从龙、风从虎”，鱼贯而行。用头菜分类，实质是定出一个标杆，利于其他菜品配套。四是按烹调原料分，如海味席、水鲜席。如此分类，或强调土特产品，或突出民族风情，或照顾宗教界生活习惯。由于选用的是同一大类中的不同原料，因而别有情趣。五是按主要用料分，如全羊席、全蛋席。所有菜品主料都相同，不同的只是辅料、技法和风味。因其难度甚大，向称“屠龙之技”，规格多属高、特档，一般餐馆不敢贸然挂牌供应。六是按时令季节分，如元宵宴、中秋宴。这种筵宴重视选用应时当令的原料，根据季节转换规律调味和配菜，突出配置食医结合的滋补菜，强调饮食养生。七是按办宴目的分，如婚席、开业席。此类席面重视菜单的编排（如喜事排双，丧事排单，庆婚要八，贺寿须九），以及菜名的典雅吉祥（如全家福、满堂春、龙凤配、罗汉斋），取悦宾客。八是按主宾身份分，如桃李筵、庆功筵。它要求举行相应的仪式，菜品量多质优。常由名师亲率高徒全力以赴，辛劳数日方能完成。此类筵席的最高档次便是国宴，操办要求无疑更高。

❸ 情采分类法

情采分类法按筵宴的审美情趣分类，以特殊的韵味展示不同的饮食文化。它也有许多类型，如：以风景名胜划分的长安八景宴、西湖十景宴等；以文化名城划分的荆州楚菜席、开封宋菜席等；以少数民族划分的赫哲族鳇鱼宴、蒙古族毡房宴等；以名特物产划分的黄河金鲤宴、长鱼宴等；以文化名人划分的孔府宴、东坡席等；以山珍海味划分的天山雪莲宴、青岛渔家宴等；以精致彩碟划分的喜庆宫灯席、龙凤呈祥席等；以设宴场景划分的竹楼宴、园林宴等。它们大多注重格调，以精、雅、灵、秀著称。

（四）筵宴的定名

筵宴定名与筵宴分类关系密切，有很强的时代特征，常常表现出不同的文化背景。

虞舜时代，先民尊贤敬祖，把奉养老人的专宴称作“燕礼”。夏代尚忠，酒筵多为皇亲、诸侯而筹备，则叫“食礼”。商代迷信鬼神，筵宴多半打着祭祀的旗号，如“御祭”之类。周代重礼，宴享又多为活人而设，其名称也变作“乡饮酒礼”之类了。进入秦汉，增添饮宴花样，出现“明堂宴”“长亭宴”诸称

谓；到了南北朝，随着佛、道二教的兴盛，“浴佛宴”“茶果宴”相继问世。唐宋两代，筵宴发展很快，席名层出不穷。如“琼林宴”“鹿鸣宴”，反映了儒学大兴的盛况。元代筵宴是另一种风貌，有“诈马宴”“迤北八珍席”等，带有粗犷的北方草原气息。诈马，意思是把牛、羊家畜宰杀后，用热水煺毛，去掉内脏，烤制或煮制上席。诈马宴是蒙古族特有的庆典宴飨整牛席或整羊席。迤北八珍又称蒙古八珍或北八珍（元末陶宗仪《南村辍耕录》），八珍是醍醐（精制奶酪）、沆（有人认为是马奶酒，也有人认为是獐）、野驼蹄、鹿唇、驼乳麋（驼奶粥）、天鹅炙（烤天鹅）、紫玉浆（可能是紫羊的奶汁）和玄玉浆（马奶汁）。明清二朝，筵名屡有新意，像“千叟宴”“秦淮河船宴”，则是以情趣取胜。辛亥革命以来，筵名又有新变化。一是借用数字，如“盖州三套碗”；二是突出物料，如“燕翅席”；三是巧嵌成语典故，如“八仙过海席”；四是点明菜点帮口，如“京苏席”（此处专指南京风味筵席）；五是渲染地方风物，如“苍山洱海宴”；六是宣扬门第家风，如“孔府宴”；七是怀古仿古，如“仿膳宴”；八是追逐新潮，如“平安夜宴”等。近几年的筵名虽然争奇斗艳，但其命名方法仍然承袭旧制。

筵宴定名历来注重文学色彩和心理因素。像清代文人郊游，各带一壶酒两碟菜，三五相邀，观景赋诗。席则名曰“蝴（壶）蝶（碟）会”，谐音摹形，天然成趣。老北京有种“烧碟席”，清一色都是凉菜，少则 24 碟，多则 120 碟，百味俱陈。广东商人正月“请春酒”，菜名全系“堆金积玉”“双合利钱”之类，于是席名定为“财气大发”。湖北有种全鱼大席，10 道主菜依次选用从一到十的吉祥数量词，如独占鳌头、双龙戏珠之类，宴名便叫“锦绣楚乡年年有余席”。

二、筵宴的形成

（一）燕（筵）礼之起源

中国远古时期人类最初过着群居生活，共同采集狩猎，然后聚在一起共享劳动成果。进入陶烹阶段后，人们开始农耕畜牧，在丰收时仍要相聚庆贺，共享美味佳肴，同时载歌载舞，抒发喜悦之情。《吕氏春秋・古乐》记载：“昔葛天氏之乐，三人操牛尾，投足以歌八阕。”为庆贺丰收而聚餐的食品要比平时多，且有一定就餐程序。葛天氏是中国音乐、歌舞艺术的始祖，后来“葛天氏”这三个字，代表的是逍遥、自在、无拘无束的境界。

原始先民对自然现象和灾异之因了解甚少，便产生了对日月山川及先祖等的崇拜，从而产生了祭祀。人们认为，食物是神灵所赐，祭祀神灵则必须用食物，一是感恩，二是祈求神灵消灾降福，获得更好的收成。祭祀后的丰盛食品常常被人们聚而食之。直至酿酒出现后，这种原始的聚餐便发生了质的变化，从而产生了筵宴。中国最早有文字记载的筵宴，是虞舜时代的养老宴。《礼记・王制》载：“凡养老，有虞氏以燕（筵）礼。”

（二）飨、燕、食

《礼记・礼运》曰：“夫礼之初，始诸饮食。”据《周礼》嘉礼之顺序，饮食之礼为嘉礼第一。

飨、燕、食三者，若以规格等制言之，飨礼最重，食礼次之，燕礼又次之。燕以饮为主，食以饭为主，飨则二者兼而有之。其举行地点则是飨、食在庙，燕在寝。燕在寝，不得行于野。寝泛指居息之地。

飨主于敬，燕主于欢，而食以明善贤之礼。飨因是敬天地鬼神之举，则体荐而不食，爵盈而不饮，设几而不倚，致肃敬也；食以饭为主，虽设酒浆，以漱不以饮，故无献仪；燕以饮为主，有折俎而无饭，行一献之礼，脱屦升坐以尽欢。此三者之别也。飨、食于庙，燕则于寝，其处亦不同矣。

（三）三代之后“燕”演变为“宴”

燕（筵）和宴最初是两个不同的概念，所区别者，“宴”为聚饮之概称，而“燕”唯指私交故旧族人间之聚饮。《五礼通考》云：“三代以后封建废，而飨燕之礼亦亡。惟天子宴群臣之礼，累代相承不废。”孔颖达也有“天子燕礼已亡也”的说法。可见，三代之后“燕”名存实亡，实际上“燕”已演变成了“宴”。

三、周礼的宴乐侑食

周代的宴饮必奏乐，周人视诗、乐、舞为一体。“以乐侑食”，始于夏朝，盛于春秋。据《左传》载，宋公燕享左师，“左师每食击钟，闻钟声，公曰：‘夫子将食。’既食，又奏，公曰：‘可矣。’”类似此例，于《左传》中记载甚多。以乐侑食之风盛行当时。周人宴中奏乐，常附伴歌舞，而根据宴之内容、形式、参加者诸因素不同，所奏之乐也有所不同。

（一）无事不宴，无日不宴

周人无事不宴，无日不宴。究其原因，除周天子、诸侯享乐所需，实有政治目的。通过宴饮，强化礼乐精神，维系统治秩序。《诗经·小雅·鹿鸣》尽写周王与群臣、嘉宾的宴饮场面。周王设宴的目的是什么？《毛诗正义》指出：“（天子）行其厚意，然后忠臣嘉宾佩荷恩德，皆得尽其忠诚之心以事上焉。上隆下报，君臣尽诚，所以为政之美也。”在宴饮过程中，人与人之间可以从感情上求得妥协中和，使社会各阶层亲睦和爱。通过宴饮礼制，即可昭示尊卑亲疏贵贱长幼男女之序的差异，明确君臣父子夫妇的关系，也可以转化由此而产生的等级对立，使各阶层的人们在杯盏交错、其乐融融的气氛中和谐相处，共同为统治者服务。礼，就其本质而言，就是序，或谓之差异、差别。《礼记·乐记》：“乐者，天地之和也；礼者，天地之序也。和，故万物皆化，序，故群物皆别。”这里的“序”指的就是尊卑贵贱之别，故孔颖达释曰：“礼明贵贱是天地之序也。”在宴饮过程中，“序”又通常表现为坐席层数、列食量数以及饮食水平的差别，从而体现出周人政治地位的高下，这就是我们所说的“礼数”。在宴饮时，从坐席层数看，公席三重，大夫席两重。铺席者为筵，加铺其上者为席，筵长席短。加铺席数愈多者，其身份愈为显赫。贾公彦在注疏《仪礼·燕礼》时说，周人设宴，大体有四个内容：“诸侯无事而宴，一也；卿大夫有王事之劳，二也；卿大夫又有聘而来，还与之宴，三也；四方聘客，与之宴，四也。”后三种宴虽然与国政事务有涉，但君臣感情笃深，筵席气氛闲适随和。

（二）宴乐表志

宴中奏乐，旨在体现“为政之美”，以乐侑食，还在其次。《国语·卷三·周语下》记载了周大夫单靖公劝谏周景王铸钟的言论，道出宴中举乐之目的所在：“口内味而耳内声，声味生气。气在口为言，在目为明。言以信名，明以时动。名以成政，动以殖生。政成生殖，乐之至也。若视听不和，而有震眩，则味入不精，不精则气佚，气佚则不和。于是乎有狂悖之言，有眩惑之明，有转易之名，有过慝之度。”可见，宴中奏乐，如果音乐诗舞不适合宴礼，则会导致朝政紊乱，所以周人对宴中所奏的音乐非常重视。据《左传·襄公十六年》载，晋平公与诸侯在温地设宴，“使诸大夫舞。曰：‘歌诗必类！’”然而齐国高厚的诗歌却和诸大夫的舞蹈不相配，让诸大夫以为他怀有异志，决定共同对他进行讨伐。这个例子表明，宴乐表志，既可稳政，亦可乱政。另外，宴中奏乐，可以示礼乐，昭仁人。通过音乐的作用，使尊卑、亲疏、贵贱、长幼的对立转为调和，和谐相处。参加宴饮的人，在宴饮过程中闲适随和，礼数易于淡化，如果有“乐”约束，使宴饮者不能逾礼，各守其位，君君臣臣，时刻以“乐”律己督人。所以宴饮内涵绝不是饮食细故；宴中奏乐，旨在侑助君臣协和，各持礼节，至于天子之乐，非诸侯、国君、公卿大夫所私用。故为君为臣，于宴饮时所用之乐，皆需依爵而定，否则即是逾礼。

周之宴乐，以诗歌之。《诗经》中的篇章，或作为乐歌，或作为舞曲，所唱所舞，须与宴饮主题、饮者心志相合，以达到“审声以知音，审音以知乐，审乐以知政，而治道备矣”（《礼记·乐记》）之目的。据《左传》记载，公元前504年，晋人韩宣子受晋侯之托，来鲁聘问，鲁昭公设宴款待之。宴饮其间，“季武子赋《绵》之卒章。韩子赋《角弓》。季武子拜曰：‘敢拜子之弥缝敝邑，寡君有望矣。’武子赋《节》之卒章”。季武子所歌《绵》，即《诗经·大雅》中的一篇，歌唱大意为“文王有四臣，故能以绵绵致兴盛，以晋侯比文王，以韩子比四辅”；韩宣子所歌《角弓》，是《诗经·小雅》中的一篇，歌唱大意是“取其‘兄弟昏姻，无胥远矣’，言兄弟之国宜相亲”；武子又歌《节》之卒章，乃《诗经·小雅·节南山》，“卒章取‘式讹尔心，以畜万邦’，以言晋德可以畜万邦”。可见，宴饮其间，歌《诗经》之曲目，不但是礼之

所需，也是表情达意所需，在觥筹交错、表情达意中造成愉快和谐、其乐融融的气氛。

宴中奏乐，举而有序，明礼、侑食，兼而有之，旨在使上下沟通，朝政稳宁，《礼记·乐记》说："治世之音安以乐，其政和"，"声音之道，与政通矣"。音乐之道与饮食之道相同，都具有稳固政体的功能，所谓"食飨之礼，非致味也"，正是周人对食、乐与政的关系的体悟。

宴乐不仅要求音律高畅华美、曲调悠扬庄重，而且还要求乐有专职。周天子一日三饭（逢特殊时日或场合还需加饭），每饭必有不同乐师为之侑食。《论语·微子》中有"太师挚适齐，亚饭干适楚……"之句，其中亚饭干、三饭缭是为天子侑食助兴的乐师。宴乐因时日不同，场合不同，乐师也必然不同，由此可窥一斑。

四、筵宴的传承与发展

汉魏之时元旦朝会、晋时冬至小会以及唐代圣诞（皇帝诞辰）朝贺之后，都有筵宴，称为"大宴"。其他节日，如立春、上元、寒食、上巳（三月三）、浴佛节（四月八日）、端午、七夕、中秋、重九等，皇帝也常赐宴，一般称为"节宴"；而皇帝率领部分臣僚游园、射猎之后，于所至之地设宴，则一般称为"曲宴"。另外，国家有大庆、大礼、事功告成及宫室落成等，更要设宴庆贺。两汉大宴仪注，只散见于史书中，已无完整程式的记载。《隋书·礼仪志》有北齐宴宗室礼，《大唐开元礼》也有大宴的详细仪注。大宴气氛一般比较严肃。节宴（曲宴）则比较轻松活泼，通常不在正殿，而在天子苑囿举行。唐玄宗时，还有宴会中从楼上撒金钱，让百官在楼下争抢的做法。五代时，又有臣子捐交"买宴钱"，请皇帝赐宴的。这也是一时的风气。"（宋）大中祥符元年正月，宴宗室于亲王宫，又宴宗室内职于都亭驿。"《宋史》详细记载了宋代的"大宴、曲宴、赐宴仪"定式。明代的宴会则分大宴、中宴、常宴、小宴。大祀天地后之次日、正旦（正月初一）、冬至及万寿节（皇帝诞辰）为大宴。"洪武元年，大宴群臣于奉天殿，三品以上升殿，余列于丹墀，遂定正旦、冬至圣节宴谨身殿礼。二十六年，重定大宴礼，陈于奉天殿。"大宴行酒九爵，中宴七爵，常宴三五爵。《五礼通考》云："永乐六年，令帝王生日先于宗庙具礼致祭，然后序家人礼庆贺筵宴。"宣德后，对级别较低，不参加大宴的官员、监生发给钱钞。

此外还有一种"赐酺"的宴飨之礼。朝廷有庆典之事，特许臣民聚会欢饮，此谓"赐酺"。《新唐书》云："永淳元年二月癸未，以孙重照生满月，大赦，改元，赐酺三日。"《宋史·礼志十六》："赐酺自秦始。秦法，三人以上会饮则罚金，故因事赐酺，吏民会饮，过则禁之。唐尝一再举行。太宗雍熙元年十二月，诏曰：'王者赐酺推恩，与众共乐，所以表升平之盛事，契亿兆之欢心。累朝以来，此事久废，盖逢多故，莫举旧章。今四海混同，万民康泰，严禋始毕，庆泽均行。宜令士庶，共庆休明，可赐酺三日。'"宋真宗东封泰山，驻跸兖州，"赐群臣会于延寿寺"，过郓州、濮州、澶州等地亦然。

而新进士赐宴，如唐宋之际的鹿鸣宴、闻喜宴，明代的恩荣宴，亦属此列。赐酺和节宴曲宴虽然都是赐宴，但明显前者的范围要广于后者。清代著名的"千叟宴"也是赐酺的一种，千叟宴于康熙五十二年三月、六十一年正月，乾隆五十年正月，嘉庆元年正月均有举办。这种专门为老者举办的宴会，则属行养老之政、养老之礼了。

五、筵宴与文人雅集

从历史发展规律看，社会稳定与否，往往会决定着人们饮食风尚的形成以及饮食消费的取向。而一个时代的筵宴又往往最能体现出这个时代的饮食风尚与消费状况。

西汉"文景之治"以后，宫中常设宴饮之会，贵族宴会不仅频繁，而且场景盛大。即便民间酒会上的美食美饮也丰富至极。

魏晋以后，宴饮大行"文酒之风"。曹操父子筑铜雀台，其中一个重要的功能就是宴享娱乐。竹林七贤的畅饮山林、王羲之的曲水流觞，文采凌俊，格调高雅，不仅对宴会的健康发展起到好的推动作用，而且对文人饮食风格与文人饮食流派的形成与发展产生了很大的影响。南北朝时，宴会名目增多，目的性较强，如登基、封赏、祀天、敬祖、省亲、登高、游乐、生子、团圆等，这些都促成了筵宴主题

的多元化。至唐代，中国的宴会已经发展到了一个新的高潮。文人士子聚饮之风愈盛。最为奢华、热闹的宴会莫过于士子初登科及第、官员迁除之际所举办的“烧尾宴”“樱桃宴”。前者是始于唐中宗的为士人新官上任或官员升迁招待亲朋同僚的宴会。“烧尾”的得名，有三种说法。一说新羊入群，群羊欺生，屡犯新羊，而只有将新羊尾巴烧掉，新羊才能安生，融入群羊之中；二说老虎变人，尾巴犹存，只有将其尾巴烧掉，老虎才能真正变为人；三说鲤鱼跃龙门，非天火（雷电）将其尾烧掉而不能过的传说。可见“烧尾”乃是由民间传说得名，并逐渐演化成一种协调官场人际关系的“烧尾宴”。后者是始于唐僖宗时庆贺新进士及第的宴席，因新科进士发榜的时候正是樱桃成熟的季节，可谓各有千秋。文人宴会更是情趣有加。他们的聚会宴饮并不囿于厅堂室内，或亭台楼阁，或花间林下，或山涧清池。宴饮过程中，他们也并非单纯地临盘大嚼，而是配合诸多情趣性的娱乐活动，或对弈，或听琴，或对诗赋，或行酒令，或品妓歌舞，或持杯玩月，或登楼观雪，或曲池泛舟。如白居易所设船宴，酒菜用油布袋装好，挂在船下水中，边游边吃边取。在这样的宴饮过程中，参与者不仅口欲得到了满足，其听觉、视觉乃至于整个身心都得到了享受，在满足生理需要的同时，也获得了精神上的愉悦和快感，表现了文人雅士所特有的风雅情趣。

说起船宴，名气最大的自然是“太湖船宴”。传说范蠡助越王勾践灭吴后带着西施隐居，泛舟于太湖之上，于湖上饮酒放歌。之前还有专诸刺王僚的故事。太湖上的饮宴活动由来已久。

自南北朝以降，苏州一直是个相对安定的地区，很少受到战争的影响，人们的生活水平较中原地区富足，饮食业与娱乐业的发展非常迅速，船宴就是其中最有地域特色的一种。泛舟太湖，一边听着江南佳丽吴侬软语的浅吟低唱，一边品尝着从湖中现捞现烹的湖鲜，是江南文人最爱的一种休闲方式了。向有“画舫在前，酒船在后”之说。《吴门画舫录》说：“吴中食单之美，船中居胜。”苏州的好多美食就这样在画舫、酒船的摇晃中诞生出来。

清代《桐桥倚棹录》对太湖船宴的情况有详细的记载：“沙飞船，多停泊野芳浜及普济桥上下岸……故又名沙飞船。”沙飞船的船舱里有灶，客人想吃什么可以在船上烹制。这船上餐厅的陈设极雅致：“舱中以蠡壳嵌玻璃为窗寮，桌椅都雅，香鼎瓶花，位置务精。船之大者可容三席，小者亦可容两筵。”当

时的苏州士人以船宴饷客相沿成俗，请柬上一般写上"水窗候光，舟泊某处，舟子某人"，而赴宴者往往也是乘舟前往。城内也有船宴："迓客于城，则别雇小舟。入夜羊灯照春，凫壶劝客，行令猜枚，欢笑之声达于两岸。迨至酒阑人散，剩有一堤烟月而已。"苏州人出游也常有船宴消磨途中的时光，清初人沈朝初《忆江南》词云："苏州好，载酒卷艄船。几上博山香篆细，筵前冰碗五侯鲜。稳坐到山前。"词中的卷艄船即是沙飞船之一种。

苏州船宴的菜肴在不同时期风格也不同。《随园食单补证》说："苏州灯船菜有名，每游必两餐。一皆点心，粉者、面者、甜者、咸汤者、干者……酒席则燕窝为首，鱼翅次之。闻乱前颇有佳者，今则船菜之名成耳食矣。"由此可知，苏州船菜在鼎盛时期是以燕窝、鱼翅为头菜的高档筵席。另有记载，当时有一船宴以供应"鳖裙、凫蹠、熊掌、豹胎"为特色，极尽奢侈。太平军攻陷苏州以后，船宴的水平有所下降。苏州船宴催生了中国饮食文化中的一朵奇葩——船点。船点是一种花色点心，用米粉制成，有各种花草、动物的造型，色彩艳丽，精巧玲珑，令人不忍下箸，现在发展为苏州饮宴中的观赏点心。

太湖很大，周边的无锡、湖州等地都有类似的船宴，而在风格上，以苏州船宴最为精美。现代的太湖船宴以湖产鱼鲜为主，不再有前代的奢华之风，但清雅的风味一如当年。游太湖尝太湖船宴，可知人间天堂之名名不虚传。

六、中国现代筵宴的菜点结构

中国现代筵宴尽管种类繁多，菜点各异，风味有别，档次悬殊，但都是由酒水冷碟、热炒大菜、饭点茶果三大板块构成，有计划、按比例地依次推出。

（一）酒水冷碟

此为筵宴"前奏曲"，包括冷菜和茶酒饮料，有时还辅以手碟、开席汤、面塑或裱花大蛋糕。它要求小巧精细，诱发食欲，引人入胜。

冷菜又称凉菜或花拼，有单碟、双拼、三镶、四配、什锦拼盘、看盘带食盘、主碟带围碟等形式，全系佐酒开胃的冷食菜。它讲究配料、调味、刀面和装盘，要求荤素兼备，咸甜调适，质精味美。

饮料类有白酒、黄酒、果露酒、药酒、啤酒、保健饮料、奶制品、水果汁和矿泉水等。

手碟、开席汤、面塑与裱花大蛋糕等，只用在某些地方的特殊筵宴中，功效各自不同。

（二）热炒大菜

此为筵宴"主题歌"，全由热炒、大菜等精美热菜组成（有时还带点心）。排菜讲究跌宕变化，能逐步将筵宴推向高潮。

热炒有单炒、拼炒、三炒等形式，或分别排在大菜之后，或集中排在冷菜与大菜之间，起过渡作用。它多系“抢火菜”，以色艳、味美、鲜热爽口为佳，量不宜大。

大菜是筵宴的台柱，一般包括头菜、荤素大菜(有山珍菜、海味菜、禽蛋菜、畜奶菜、水鲜菜、粮豆菜、蔬果菜等)、甜食(可干可湿，可冷可热)和汤品(包括二汤、跟汤与座汤)四项，大多按头菜—烤炸菜—二汤—热荤菜—跟汤—甜菜—素菜—座汤顺序排序。其品种多，规格高，制作精，分量大，具有举足轻重的地位，筵宴档次主要由它来体现。

(三) 饭点茶果

此为筵宴的“和声”，包括饭菜、饭汤、主食、点心、小吃、果品、蜜饯果脯、冷饮和茶食等。讲究花色调配，如同精巧的“小摆设”，可使筵宴“锦上添花”。

筵宴的这三大板块，在厨界历来有“龙头、象肚、凤尾”之说。其中，酒水冷碟板块由工艺彩拼领衔，要求“开席见彩”，如龙头般威武雄壮，将筵宴导入佳境。热炒大菜板块由名贵座汤带队，要求“美食纷呈”，如象肚般丰满充实，烘托气势。饭点茶果板块由特色主点压阵，要求“以精取胜”，如凤尾般绚丽多姿。而统率这三大板块的则是“定格头菜”，它是全席的灵魂，要求体现筵宴的规格和风韵。筵宴结构必须把握“三突出原则”，即全席菜品中突出热菜，热菜中突出大菜，大菜中突出头菜，做到组合合理，衔接有序。

七、中国现代筵宴的形式风格

(一) 讲究主旨鲜明

筵宴不是菜点的简单拼凑，而是一系列食品的艺术组合，故而要求主旨鲜明，能够分清主次，主行宾从，格调一致。显现风格要紧扣“席名”，落在实处，例如川菜席就得是正宗的川味；闽菜席应有八闽的风情；金陵(南京)全鱼席中就不能有东北大马哈鱼、泰山赤鳞鱼“顶差”；佛门全素斋必须杜绝五荤(五辛)、蛋奶以及“仿荤菜”。

(二) 讲究对立统一

要利用配料、刀口、烹制、味型、餐具的调理，使整桌筵宴色泽和谐、香气袭人、滋味多变、形态醒目、盛器相称。如果把一桌筵宴比作西湖风光，那么席上各类菜品就应是平湖秋月、花港观鱼、三潭印月、柳浪闻莺等景观，相互之间是对立统一的关系。

不论何种筵宴，在编拟菜单时，既须注意主旨鲜明，又应避免菜式单调和工艺雷同，努力体现错综之美。一桌席面常有一二十道菜，必须显示不同的个性，而不应当“千菜一面”“百馔同形”。原料可有鸡、鸭、鱼、肉、豆、菜、果的配用；刀口可有块、段、片、条、丝、丁、茸的组合；色泽宜有赤、橙、黄、白、青、绿、紫的变化；技法应有炒、烩、蒸、烤、炖、拌、卤的区别；口味要有酸、甜、苦、辣、咸、鲜、香的层次；质感须有酥、脆、软、嫩、糯、肥、爽的差异；器皿应有杯、盘、碗、碟、盅、盂、钵的交错；品种要有菜点、羹、汤、酒、茶、果的衔接。只有这样，筵宴才能呈现节奏感和动态美。

(三) 讲究气氛烘托

筵宴是吃的艺术、吃的礼仪，要处理好美食与美境的关系，要讲究餐室布置、接待礼节、娱乐雅兴和服务用语。为了使筵宴的格调高雅，有浓郁的民族气质和文化色彩，承办者可准备水榭草堂、亭台楼阁，或花木茂盛的园林式餐厅；可在餐室适当点缀古玩、字画、花草、灯具，或配置古色古香的家具、酒具、餐具、茶具；可按主人设宴的目的选用应时应景的吉祥菜名，穿插成语典故，表达诗情画意；可安排适量的工艺大菜或食雕、彩拼，展现技巧；还可插入文艺节目和筵间音乐，烘托气氛。总之，要在提供物质享受的同时给人以精神享受，使纤巧之食与大千世界相映成趣。

(四) 讲究礼仪习俗

中国筵宴既是酒席、菜席，又是礼席、仪席。中国筵宴注重礼仪由来已久，世代传承。这不仅因

为“夫礼之初，始诸饮食”，还由于礼俗是中国筵宴的重要成因，通过筵宴可以宣扬教化、陶冶性灵。古代许多大宴，都有钟鼓奏乐、诗歌答奉、仕女献舞和优人（曲艺演员）助兴，这均是礼的表示。现代筵宴虽然废除了旧的等级制度和繁文缛节，但仍保留有许多健康、合理的礼节与仪式。例如，发送请柬，车马迎宾，门前恭候，问安致意，专人陪伴；入席彼此让座，斟酒杯盏高举，布菜“请”字当先，退席“谢”字出口；还有仪容的修饰、衣冠的整洁、表情的谦恭、谈吐的文雅、气氛的融洽、相处的真诚。国宴和专宴还要尊重主宾所在国的风俗习惯及宗教感情。

（五）讲究气氛营造

一是掌握筵宴设计应紧扣主题。例如国宴的主题多为友好、合作，其气氛就应庄重、气派。再如婚礼喜宴，则要以新郎和新娘为中心，以祥和、吉庆为主旋律，力求火爆、欢腾。应在器物选用、菜点配置诸方面巧做文章，营造特定的环境氛围。像老人期颐（一百岁）大寿，就须悬挂寿屏、寿幛，高燃寿灯、寿烛，摆放寿桃、寿面，陈列银杏、佛手，选用“五子献寿”“鹿鹤同春”等应景菜点；而像以诗文书画会友的酒会，则应突出书卷气和翰墨香，点缀字画和花草，陈放文房四宝等。

二是展示民俗和礼仪。展示民俗和礼仪的方法很多，如布置风格化餐厅、陈列地方工艺品、着民族服装、使用方言、配置乡土餐具、安排乡土名菜等。

三是和谐统一，体现在场景、台面、席谱和服务上。设计上应大方自然、清新脱俗、借景为用。切忌哗众取宠、荒腔走板。

四是容易付诸实施，以可行性强为前提。包括器材准备、原料采购、场景布置、菜点制作、人员调配、时间衔接等，都应是比较容易操办的。切忌超标准的铺排、杂乱的拼凑和过分的雕琢。

（六）讲究餐桌布局和席位编排

餐桌布局要依据餐厅大小和桌数多少合理摆放（每一直径为 1.6 米的圆台应占地 12～15 平方米），呈现规整的几何图案，并将主台置于最醒目的位置，形成众星捧月之势。席位则要依照宾客身份及其与主人的关系一一“定位”，使之各安其所；这常会牵涉到复杂的人事关系和辈分关系，往往不容易“摆平”，最好请东道主自定。

（七）讲究台面设计

台面设计含餐台装饰与餐具搁置艺术，习称“摆台”。宴会餐台多系“花台”，即利用装饰物件和食品雕刻，构成五彩缤纷的图案，可选用花坛式、花篮式、插花式、盆景式、镶图式、剪纸式、瓜果垒叠式或工艺冷碟式，以高雅大方、简洁明快、不影响就餐为宗旨。

台面寓意与筵宴主题要一致；主台的华美和气派应超出其他台面；宜用整齐划一的套装餐具。

八、中国现代筵宴的席谱设计

席谱又称席单、宴单，是根据筵宴结构与要求，将酒水冷碟、热炒大菜、饭点茶果按一定比例和程序编成的文字记录，有提纲式、表格式、框架式、工艺式等。席谱应反映整桌筵宴的概貌，包括食品类型、菜名、用料、刀工、色泽、形态、技法、口味、质感、营养、盛器、成本、售价、上菜程序、食用方法以及筵宴规格等。席谱要认真书写、印刷和装帧，制成精美席卡置于餐台，供客人赏玩或查询。近来，有些席谱设计成折扇形、屏风形、字画形或贺卡形，效果较好。

编制席谱，在餐饮业中称为“开菜单”，有多种样式。其作用有四：一是作为筵宴的“施工示意图”，供厨师按图“施工”；二是作为接待服务的“运行表”，供服务员使用；三是作为宾客赴宴的“纪念卡”，供赏鉴收藏；四是作为酒楼经营管理的“资料库”，供查询研究。

席谱分提纲式和表格式两种。

提纲式席谱又称简式席谱，出现较早，唐代韦巨源的《烧尾宴食单》是其雏形。这种席谱只按照上菜程序依次列出各种菜肴的类别和名称，清晰醒目地排列；至于所要采买的原料及其他说明，则往往有一附表（有经验的厨师通常将此表省略）作为补充。提纲式席谱要复制多份，分发厨房各部门和

搁在餐桌上。

表格式席谱又称繁式席谱，出现在20世纪70年代，由上海等地率先推出。它是以图表形式，将菜品类别、上菜程序、菜名、主辅料数量、刀工成形技法，成菜色泽、口味、质感，餐具的尺寸、型制、色调，成本和售价等，都一一列出；筵宴三大板块以及“柱子菜”（即主要的大菜）也都剖析得明明白白，如同一张详备的施工图纸。这种席谱的突出优点是“量化”准确，缺点是颇费精力。但它在筵宴教学中用处很大，既利于讲授，又便于领悟。

席谱设计的关键是“排菜”，即筵宴菜品的安排，包括排多少、排什么、如何排等。它涉及成本售价、规格类别、宾主嗜好、风味特色、办宴目的、时令季节诸因素，需要通盘考虑，平衡协调。排菜主要有以下五大原则。

(1) 按需排菜，参考制约因素。需，指宾客要求；制约因素，指餐厅客观条件。两者应当兼顾。排菜须有五方面的通盘考虑，一是宾主愿望和承受能力，二是筵宴类别和规模，三是货源供应，四是餐厅设备，五是技术力量，五方面互相制约。

(2) 随价排菜，讲究品种调配。按照“质价相等”原则合理选配筵宴菜点品种。一般来说，高档筵宴，量多质精；低档筵宴，量少质粗。随价排菜，有多种方法：可选用不同原料，适当增加素料比例；名特菜式为主，乡土菜式为辅；多用成本低廉而又能烘托席面气氛的掌故菜；注意安排技法独特或造型艳美的“亮席菜”；巧用粗料，精烹细调，降低成本；合理利用边角余料，物尽其用，使筵宴增加丰盛感。

(3) 因人排菜，迎合宾主嗜好。应根据宾客（特别是主宾）的国籍、民族、宗教、职业、性别、年龄、体质以及嗜好与忌讳，灵活安排筵宴菜品。

(4) 应时排菜，突出乡土物产。原料的选用、口味的调排、质地的确定、色泽的变化、冷热干湿的搭配等，都须体现时令特征。注意选用应时当令的乡土特产。原料都有生长期、成熟期和衰老期，只有成熟期（即动植物生殖前期）上市的物料，方才滋汁鲜美，质地细嫩，营养丰富，最宜烹调。例如水鲜品的食用佳期，鲫鱼、鲤鱼、鲢鱼、鳜鱼是2—4月；鲥鱼是端午前后，鳝鱼是小暑，甲鱼是6—7月，草鱼、鲶鱼和大马哈鱼是9—10月，螃蟹是“九雌十雄”。

按照节令变化调配口味。基本原则是“春多酸，夏多苦，秋多辛，冬多咸，调以滑甘”。夏秋偏向清淡，冬春偏向醇浓。与此相关联，冬春习饮白酒，应多用烧菜、扒菜和火锅，配暖色餐具；夏秋习饮啤酒，应多用炒菜、烩菜和冷碟，配冷色餐具。注意滋汁、色泽和质感变化。夏秋气温高，应以汁稀、色淡、质脆的菜为主；冬春气温低，应以汁浓、色深、酥烂的菜为主。

(5) 以酒为纲，席面贵在变化。中国筵宴重酒，向有“无酒不成席”之说。由于酒可以刺激食欲，助兴添欢和表现礼仪，筵宴始终是在“畅饮琼浆品佳肴”的欢声笑语中进行的，因此中国筵宴历来都注重“酒为席魂”“菜为酒设”的排菜原则。

从筵宴编排程序看，先上冷碟是劝酒，跟上热炒和大菜是佐酒，辅以甜食和蔬菜是解酒，配备汤品和果茶是醒酒，安排主食是压酒，随上蜜饯果脯是化酒。考虑到饮酒时吃菜较多，故而筵宴菜分量较大，调味偏淡，而且利于佐酒的松脆香酥菜品和汤羹占有较大比重；至于饭点，常是少而精，仅仅起到“填补”的作用而已。

在注意酒与菜的关系时，也不可忽视菜品之间的协调。欲使席谱丰富多彩，新颖奇特，赏心悦目，在菜与菜的配合上，务必注意冷热、荤素、咸甜、浓淡、酥软、干湿的调和。具体地说，要重视原料的调配、刀口的错落、色泽的变化、技法的区别、味型的层次、质地的差异以及餐具的组合与品种的衔接。其中，口味和质地最为重要，应以此二者为主，再考虑其他因素；至于菜肴的色、形，则在中国筵宴中处于从属地位。

九、筵宴分餐制势在必行

（一）中国分餐制简史

分餐制曾一度是华夏民族饮食文化的主角。准确地讲，分餐制从上古一直到民国都没有从中国

社会中彻底消失。中国人到像现在这样，围着桌子在一个盘子里夹菜，经历了相当漫长的发展过程。

早在周代，分餐制就已经在贵族阶层中广泛存在。但和西方的餐桌文化相比，"中式分餐制"和"西式分餐制"诞生的缘由却截然不同。

西式分餐制直至文艺复兴末期才开始于欧洲大行其道，它的流行一方面是出于饮食卫生需要，另一方面则是为了强调个体的独立性。而中式分餐制是周礼产物，周礼对王、侯、士大夫的行走坐卧、衣着饮食都有明确规定，要求严格加以区分以体现等级分化。《礼记·礼器》中载："天子之豆二十有六，诸公十有六，诸侯十有二，上大夫八，下大夫六。"意味着中国古人实行分餐制的目的，是为了强调地位尊卑。

长幼尊卑，主客有别的思想也影响了后来整个封建时代。《史记·项羽本纪》中描写的"鸿门宴"，就表明当时实行的是一种分餐制。在宴会上："项王、项伯东向坐；亚父南向坐——亚父者，范增也；沛公北向坐，张良西向侍。"这五人便是一人一案，分餐而食。

在艺术作品中，分餐制也能得到体现。例如，五代十国时期南唐画家顾闳中的《韩熙载夜宴图》，图中韩熙载与其他几个贵族子弟分坐床上和靠背大椅子上静听琵琶演奏，听者面前摆有一张不算大的高桌，每人面前都有一套餐具和一份馔品，互不混杂，界限分明。

施耐庵在《水浒传》第 82 回中也写道："宋江便命开筵，款待天使。尊张叔夜、刘光也上坐。宋江、卢俊义等众头领都在堂下列席。"虽为小说的描述，却可作为宋明分餐制依然存在的佐证。

同样，在民间，也可考征古人分餐制的习惯。有一个成语叫作"举案齐眉"，它是说梁鸿的妻子孟光，对自己的丈夫非常尊敬，孟光总是将饭菜准备好，并且放在托案上，举到自己眉毛的高度。这种恭恭敬敬的态度，让梁鸿非常受用，他也高高兴兴地接过托案。这说明汉朝老百姓吃饭，就是分餐的，否则没必要举案齐眉。

另外明朝的《通州志》中也有记载："乡里之人，无故宴客者，一月凡几，客必专席，否则偶席，未有一席而三四人共之者也。"大意是说老百姓家里请客必须是一人一桌，要是实在安排不开，也可以两个人一桌，但绝不能一桌安排三个人以上。虽说已经有了共餐的影子，但是两人共餐也已经是底线了。

（二）不分餐埋下的健康隐患

传染病的出现总是伴随着对分餐制的呼吁。根据世界卫生组织统计，食源性疾患的发病率居各类疾病总发病率前列，而在疾病的各类传播途径中，唾液是最主要的途径之一。因此"共餐"也变成了很多疾病发生的重要原因之一。

疾病传染需要三个必要条件：传染源、传播途径和易感人群。混用碗筷主要可能会引发一些通过消化道传染的疾病。

甲型肝炎等传播途径主要为粪口传播，其病毒易在空气中传播，如果长期和这些人共用杯子、碗筷，病毒有可能通过唾液等传染到健康人身上。

手足口病的传播途径多为感染者的鼻、咽分泌物或粪便。6 岁以下孩子免疫功能低下，更易因共用碗筷导致病毒交叉感染，所以在幼儿园时应尽量专碗专用。

另据世界卫生组织报告，截至 2017 年，中国幽门螺杆菌感染率达到了 60%，也就是近 8 亿人被感染。而幽门螺杆菌主要经口口传播及粪口传播，经口喂食、亲吻、打喷嚏都会帮助它做免费旅行，所以幽门螺杆菌感染常呈现家庭性聚集。

（三）分餐推广极难

出于对健康的考虑，多年来，为分餐制复兴的声音，一直都没有停止过。从 1993 年底开始，中国烹饪协会在多次向全国餐饮业提出“宴席改革”方案时，一直将“分餐制”放在相当重要的地位，并力争在高端餐饮中强行推行。尤其是 2003 年爆发的非典疫情，更是让分餐制得到了众多支持的声音。

但屡次被提及又按下的“分餐制”推广起来究竟难在哪？调查显示，一方面，这与中国人长期养成的饮食习惯有关。大家习惯聚在一起，共享美食，甚至为了表示热情好客用自己的餐具给人夹菜，通过饮食来促进和协调人际关系，敦睦感情，这也形成了中国独具特色的“饭局”文化。另一方面，分餐制也给餐饮商家增加了运营成本。推行分餐制情况下，原来的一些餐具已经不适应客人分餐的需求，就需要重新定制，餐具成本由此提高。共餐制下，一名服务员可以兼顾两个包房，分餐制下，一个包房可能需要两到三名服务员。如果顾客没有需求，餐厅其实没有动力主动进行分餐。除了服务成本，商家还会考虑另外一个因素。餐饮行业内有一句话：一烫顶三鲜。分成小份后，菜凉得快，可能影响品质。

（四）分餐试探之路

新型冠状病毒肺炎疫情又一次强化了“分餐制”的重要意义，多地政府纷纷发出使用公筷、公勺，以及分餐分食的倡议。

2020 年 2 月 24 日，上海首批 100 家“上海市文明餐厅”响应号召，承诺将根据用餐人数、菜品数量配备相应的公筷公勺，全面提供一菜一公筷（勺），在有条件的餐厅为客人提供分餐分食制。2 月 26 日，浙江衢州市首批 100 家餐厅、100 家机关食堂立下“军令状”，承诺 100%提供公筷、公勺，有条件的提供分餐分食制。接着，北京、四川、山东等地也纷纷发出倡议。

严峻疫情之下，人们逐渐认识到，为了健康和防止传染病的流行，分餐制必将被大家所接受。对于餐饮业商户来说，这可能是一次培养消费习惯的契机。餐饮行业是竞争性最为充分的领域之一，市场有需求，企业就会做调整。近期要改变筵宴共食的服务方式，会增加企业的成本，但因为消费需求大，餐饮企业自己增加的成本会在市场中得到相应的回报，所以也是值得的。

那中国人在家中是否有必要也使用公筷公勺呢？专家认为，分餐制将挑战国人传统的用餐方式，这一习惯的转变要从筵宴做起。也许疫情会成为分餐制一个好的起点。

第三节　茶楼酒肆

学习目标

1. 熟悉市肆风味的形成与发展历程。
2. 了解市肆饮食的基本特征。

《周礼・天官・内宰》说：“凡建国，佐后立市，设其次，置其叙，正其肆，陈其货贿。”所谓“建国”，

就是筑城。周人筑城后既划出一块地方设“市”(市场),“市”里设“次”和“叙”(市场管理官员处理事物的处所),“肆”则指陈列出卖货物的场地或店铺(亦包括制造商品的作坊)。城邑市场里“肆”,按惯例以所出卖的物品相划分,所以卖酒的区域、场所、店肆自然被称为“酒肆”。

市肆风味,即人们常说的餐馆菜,是饮食市肆制作并出售的肴馔的总称。它是随着贸易的兴起而发展起来的。

《尔雅·释言》:“贸、贾,市也。”《周易·系辞下》:“日中为市,致天下之民,聚天下之货。”“肆”的本义是陈设、陈列(《玉篇》),而作为集市贸易场所之说,则是其本义的引申。市肆菜是经济发展的产物,它能根据时令的变化而变化,并适应社会各阶层的不同需求。高档的酒楼餐馆,中低档的大众菜馆饭铺,乃至街边的小吃排档,皆因各自烹调与出售的饮馔特点而形成各自的消费群体。

一、市肆饮食的发展历程

中国历史上市肆饮食的兴起与发展,始终伴随着社会经济主旋律的变化,经受着市场贸易与文化交流的互动影响。而历史的变革,社会的动荡,交通运输的便利,文化重心的迁移,宗教力量的钳制,风土习俗的演化,使中国历史上的市肆饮食形成了内容深厚凝重、风格千姿百态的整体性文化特征。

早在原始社会末期,随着私有制的逐步形成,自由贸易市场有了初步规模,一摊一贩的市肆饮食业雏形就是在这样的历史条件下应运而生的。夏至战国的商业发展已有了一定的水平,相传夏代王亥创制牛车,并用牛等货物和有易氏做生意。有关专家考证,商民族本来有从事商业贸易的传统,商亡后,其贵族遗民由于失去参与政治的前途转而更加积极地投入商业贸易活动。西周的商业贸易在社会中下层得以普及。春秋战国时期,商业空前繁荣,当时已出现了官商和私商。战国七雄中东方六国的首都大梁、邯郸、阳翟、临淄、郢、蓟都是著名的商业中心。商业的发达,不仅为烹饪原料、新型烹饪工具和烹饪技艺等方面的交流提供了便利,同时也为市肆饮食业的形成提供了广大的发展空间。

据史料载,商之都邑市场已出现制作食品的经营者,朝歌屠牛、孟津市粥、宋城酤酒、齐鲁市脯皆为有影响的餐饮经营活动。《鹖冠子》载,商汤相父伊尹在掌理朝政之前,曾当过酒保,即酒肆的服务员。姜子牙吕尚遇文王前,曾于商都朝歌和重镇孟津做过屠宰和卖饮的生意,足见当时城邑市肆已出现了出售酒肉饭食的餐饮业。至周,市肆饮食业已出现繁荣景象,甚至在都邑之间出现了供商旅游客食宿的店铺,“凡国野之道,十里有庐,庐有饮食”(《周礼·地官·遗人》)。时至春秋,饮食店铺林立,餐饮业的厨师不断增多,“宋人有酤酒者,升概甚平,遇容甚谨,为酒甚美,县帜甚高……”(《韩非子·外储说右上》)可见,当时的店铺甚多,已形成为生存而竞争的态势,竞相提供优质食品与服务已成为当时市肆饮食业必须采取的竞争手段。此时,中国市肆风味已经形成。

如果立足于中国饮食文化历史发展的角度,把先秦三代视为中国餐饮业的形成阶段,那么,公元前221年到公元960年的秦到五代后周的1200多年的饮食文化发展历史阶段,则可视为中国市肆菜的发展阶段。汉初,战乱刚结束,官府不得不实行休养生息的政策,经过文景之治,农业和手工业有了一定的发展。秦汉以来,统治者为便于对全国各地的管辖,很重视道路交通的建设。从秦筑驰道、修灵渠,汉通西城,到隋修运河,这一切在客观上大大促进了国内与周边国家以及中亚、西亚、南亚、欧洲等地的经济、文化交往。到了唐代,驿道以长安为中心向外四通八达,“东至宋、汴,西至岐州,夹路列店肆待客,酒馔丰溢”(《通典·历代盛衰户口》)。《旧唐书·崔融传》记载:“天下诸津,舟航所聚,旁通巴汉,前指闽越,七泽十薮,三江五湖,控引河洛,兼包淮海。弘舸巨舰,千轴万艘,交货往还,昧旦永日。”水路交通运输几乎无处不达,促进了市肆饮食业的繁荣。

自秦汉始,已建起以京师为中心的全国范围的商业网。汉代的商业大城市有长安、洛阳、邯郸、临淄、上宛、江陵、吴县、合肥、番禺、成都等。城市商贸交易发达,“通都大邑”的一般店家,就“酤一岁千酿,醯酱千瓨,酱千甔,屠牛、羊、彘千皮”。从《史记·货殖列传》得知,当时大城市饮食市场中的食

品相当丰富，有谷、果、蔬、水产品、饮料、调料等。交通发达的繁华城市中即有“贩谷粜千钟”，长安城也有了鱼行、肉行、米行等食品业，说明当时的餐饮市场已很发达。

餐饮业的繁荣促进了市肆风味的发展。《盐铁论·散不足》中生动地描述了汉代长安餐饮业所经营的市肆风味“熟食遍列，肴旅成市”的盛况：“作业堕怠，食必趣时，杨豚韭卵，狗聂马朘，煎鱼切肝，羊淹鸡寒，挏马酪酒，蹇膊庸脯。腼羔豆饧，彀膹雁羹，白鲍甘瓠，热梁和炙。”肉食种类繁多，且寻常可见，足见当时市肆经营的奢华。而《史记·货殖列传》之所述，从另一角度也说明了当时市肆饮食业的盛景：“富商大贾周流天下，交易之物莫不通，得其所欲，而徙豪杰诸侯强族于京师。”商运活跃，富商众多，交易广泛，为中央政府把各地有钱有势的人迁到京城提供了方便。因为这样既可以使京师繁荣，又方便对其管理，免得他们在各地生事作乱。正是在这种大环境下，原来那些卖水鬻浆的小本经营，也能成为起家兴旺的安身立命之本。汉代的达官显贵所消费的酒食多来自市肆。《汉书·窦婴田蚡传》载，窦婴宴请田蚡，“与夫人益市牛酒”。而司马相如与卓文君在临邛开酒店之事，则成为文人下海的千古佳话。餐饮业的发展，已不仅局限于京都，从史料记载看，临淄、邯郸、开封、成都等地，也形成了商贾云集的市肆饮食市场。

魏晋南北朝期间，烽火连天，战乱不绝，市肆饮食的发展受到一定的影响。但只要战火稍息，餐饮业便立刻呈现继续发展的态势。东晋南朝的建康和北魏的洛阳，是当时南北两大商市。洛阳三大市场之一的东市丰都，“周八里，通门十二，其内一百二十行，三千余肆。甍宇齐平，四望如一，榆柳交荫，通渠相注。市四壁有四百余店，重楼延阁，牙（互）相临膜。招致商旅，珍奇山积”。国内外的食品都可在此交易。市肆网点设置相对集中，出现了许多少数民族经营的酒肆。据《洛阳伽蓝记》载，在北魏的洛阳，其东市已集中出现了“屠贩”，西市则“多酿酒为业”。

隋炀帝大业六年，各蕃国首领请求到洛阳的丰都市场做买卖，隋炀帝批准了。事先下令整修装饰店铺，屋檐造型一致，店内挂满帷帐，堆积各种珍贵货物，来往的人也必须穿上华丽的服装，就连卖菜的也要用龙须席铺地。只要有外族的客人路过酒店饭馆，便令店主把他们请入店内就座，让他们吃个酒足饭饱再走，不收钱，哄骗他们说：“中国富饶，酒饭历来不收钱。”外族客人惊叹不已。虽然我们今天都知道这是隋炀帝和他之后很多中国历代执政者都喜欢的面子工程，但当时市肆饮食业之盛势也可由此略见一斑。而烹饪技术的交流起先就是从市肆饮食业开始的，如波斯人喜食的“胡饼”在市面上随处可见，甚至还出现了专营“胡食”的店铺。胡饼就是馕。汉代控制西域后，引进芝麻、胡桃，为饼类制作增添了新辅料，此后便出现了这种以胡桃仁为馅的圆形饼。“胡食”，即外国或少数民族食品，在许多大商业都市中颇有席位。《一切经音义》云：“胡食者，即饆饠、烧饼、胡饼、搭纳等是。”饆饠，即油焖大米饭，今名抓饭，是一种大米加羊肉、葡萄干混合制成的油焖饭。在与洛阳遥相呼应

的长安城，城里著名的食店有长兴坊的铧锣店、颁政坊的馄饨店、辅兴坊的胡饼店、长乐坊的稠酒店、永昌坊的菜馆等。“胡姬酒肆”则具有少数民族特色，非常著名。长安、扬州、苏州、杭州等地，都有饮食夜市，通宵达旦地营业。

至唐，经济发达，府库充盈，出现了如扬州、苏州、杭州、荆州、益州、汴州等一大批拥有数十万人口的新兴城市，这是唐代市肆饮食业高度发展的前提。星罗棋布、鳞次栉比的酒楼、餐馆、茶肆，以及沿街兜售小吃的摊贩，已成为都市繁荣的主要特征。饮食品种也随之丰富多彩。《酉阳杂俎》记载了许多都邑名食，如“萧家馄饨，漉去汤肥，可以瀹茗。庾家粽子，白莹如玉。韩约能作樱桃铧锣，其色不变”。足见当时餐饮业市肆烹饪技术已达到了很高水平。而韦巨源《食谱》载：“阊阖门外通衢有食肆，人呼为张手美家。水产陆贩，随需而供。每节则毕卖一物，偏京辐凑，号曰浇店。”

“胡食”“胡风”的传入，给唐代市肆风味吹来一股清新之气，不仅“贵人御馔尽供胡食”（《新唐书·舆服志》），就是平民也“时行胡饼，俗家皆然”（《入唐求法巡礼记》）。至于“扬一益二”，这类颇为繁荣的大都市的餐饮业中，多有专售“胡食”的店铺，如售卖高昌国的“葡萄酒”、波斯的“三勒浆”“龙膏酒”“胡饼”“五福饼”等。胡食与汉食最大的不同在于调料。经丝绸之路，唐代输入了大量的外来调味品，其中最有名的是胡椒。苏敬《新修本草》称：“胡椒生西戎，形如鼠李子，调食用之，味甚辛辣。”还有莳萝子，又名小茴香，也是唐代引进的一种调味品，李珣《海药本草》称莳萝子“生波斯国”，这些调料都被广泛用于长安的胡食烹饪中。唐朝时还从西域引进了蔗糖及其制糖工艺，使得唐代长安饮食又平添了几分甜蜜。中国过去甘蔗种植虽多，却不太会熬蔗糖，只知制糖稀和软糖。唐太宗专派使者经丝绸之路引进了制糖的生产技术，结果所得蔗糖不论色泽与味道都超过了西域，并用于长安的饮食烹饪之中。胡食对长安产生了巨大影响，唐代长安长久地浸染在“胡风”之中，实际上也是在进行移风易俗和文化创新。长安人逐步接受了胡人的烧烤兽肉之法，喝起了奶酪和葡萄酒。白居易将京城辅兴坊的胡饼，寄予好友杨万州，并以此赋诗“胡麻饼样学京都，面脆油香新出炉”。于是，北方汉人改变了传统的直接蒸煮粮食的做法，吸收了胡人磨制面粉再精加工的技艺，开辟出美食的新天地。胡舞、胡乐的流行和胡姬现身于市，则给长安文化增添了新的活力和色彩。许多诗人对胡姬兴舞的方式有过描述，如李白《少年行》诗云：“五陵年少金市东，银鞍白马度春风。落花踏尽游何处，笑入胡姬酒肆中。”另，杨巨源《胡姬词》诗亦云：“妍艳照江头，春风好客留。当垆知妾惯，送酒为郎羞。香渡传蕉扇，妆成上竹楼。数钱怜皓腕，非是不能留。”又云：“胡姬貌如花，当垆笑春风。笑春风，舞罗衣，君今不醉当安归。”市肆饮食之盛，由此可见一斑。

市肆饮食业的夜市在中唐以后广泛出现，江浙一带的餐饮夜市颇为繁荣，而扬州、金陵、苏州三地为最，唐诗有“水门向晚茶商闹，桥市通宵酒客行”之句，形象地勾勒出夜市餐饮的繁荣景象。而苏州夜市船宴则更具诗情画意，“宴游之风开创于吴，至唐兴盛。游船多停泊于虎丘野芳浜及普济桥上

下岸。郡人宴会与请客……辄凭沙飞船会饮于是。船制甚宽，艄舱有灶，酒茗肴馔，任客所指”，“船之大者可容三席，小者亦可容两席”(《桐桥倚棹录》)。由于唐代交通的便利和餐饮业的发达，各地市肆烹饪的交流亦已成规模，在长安、益州等地可吃到岭南菜和淮扬菜，而在扬州也出现了北食店、川食店。

从公元960年北宋建立到1911年清朝灭亡，是中国餐饮业不断走向繁荣的时期。在中国经济发展史上，宋代掀起了一个经济高峰，生产力的发展带动了社会经济的兴盛，进入商品流通渠道的农副产品，其品种之多，可谓空前。在北宋汴京市场上就可看到“安邑之枣，江陵之橘……鲐鮆鲰鲍，酿盐醯豉。或居肆以鼓炉橐，或磨刀以屠狗彘”(周邦彦《汴都赋》)，这表明宋代的商品流通条件有了很大改善，而且餐饮市场的进一步发展也有了前提性和必然性，各地富商巨贾为南北风味烹饪在都邑市肆饮食业的交流创造了便利条件。仅以东京而言，从城内的御街到城外的八个关厢，处处店铺林立，形成了二十余个大小不一的餐饮市场，“集四海之珍奇，皆归市易；会寰区之异味，悉在庖厨”(《东京梦华录·序》)。在这里，著名的酒楼馆就有七十二家，号称“七十二正店”，此外不能遍数的餐饮店铺皆谓之“脚店”(《东京梦华录·卷二》)，出现了素食馆、北食店、南食店、川食店等专营性风味餐馆，所经营的菜点有上千种。这类餐饮店铺经营方式灵活多样，昼夜兼营。大酒楼里，讲究使用清一色的细瓷餐具或银具，提高了宴会审美情趣。夜市开至三更大同小异不闭市，至五更时早市又开。餐饮市场还出现了上门服务、承办筵席的“四司六局”，各司各局内分工精细，各司其职，为顾主提供周到服务。另外还出现了专为游览山水者备办饮食的“餐船”和专门为他们提供烹调服务的厨娘。另一方面，南方海味大举入京，欧阳修在《京师初食车螯》一诗中就对海味珍品倍加赞颂。从宋代刻印的一些食谱看，南味在北方都邑有很大的市场，而北味也随着宋朝廷的南徙而传入江南。淳熙年间，孝宗常派内侍到市面的饮食店中“宣索”汴京人制作的菜肴，如“李婆朵菜羹”“贺四酪面”“戈家甜食”等。

元代市肆饮食业的繁荣程度与饮馔品种皆逊色于前朝，都邑餐饮市场发生的最明显的变化就是融入了大量的蒙古和西域的食品。10世纪至13世纪初，畜牧业成为蒙古人生产的主要部门和生活的根本来源，故蒙古族人食羊成俗。蒙古人入主中原后，都邑餐饮市场的饮食结构出现了主食以面食为主、副食以羊肉为主的格局。如全羊席在酒楼餐馆中就很盛行。餐饮市场上还出现了饮食娱乐配套服务的酒店。

明清两代，随着生产力的发展与人口的激增，封建社会再次走向鼎盛，市肆饮食业蓬勃发展并呈现出繁荣的局面，孔尚任在《桃花扇》中描写扬州道：“东南繁华扬州起，水陆物力盛罗绮。朱橘黄橙香者橼，蔗仙糖狮如茨比。一客已开十丈筵，客客对列成肆市。”吴敬梓在《儒林外史》中描述南京餐饮盛况时道：“大街小巷，合共起来，大小酒楼有六七百座，茶社有一千余处。”各地餐饮市场出售的美食在地方特色方面有所增强，甚至形成菜系，时人谓之“帮口”。《清稗类钞·饮食卷》：“肴馔之有特色者，为京师、山东、四川、广东、福建、江宁、苏州、镇江、扬州、淮安。”这不仅说明今天许多菜系的形成源头可以追溯到此时，而且也说明此时这些地方的市肆饮食很发达。餐饮市场为菜系提供了生成与发展的空间，许多保留至今的优秀传统菜品都诞生于这一时期的市肆饮食市场中。繁荣的餐饮市场已形成了能满足各地区、各民族、各种消费水平及习惯的多层次、全方位、较完善的市场格局。一方面是异彩纷呈的专业化饮食行，它们凭借专业经营与众不同的著名菜点、经营方式灵活及价格低廉等优势，占据着市场的重要位置。如清代北京出现的专营烤鸭的便宜坊、全聚德烤鸭馆，以精湛的技艺而流芳至今。另一方面是种类繁多、档次齐全的综合性饮食店，在餐饮市场中起着举足轻重的作用。它们或因雄厚的烹饪实力、周到细致的服务、舒适优美的环境、优越的地理位置吸引食客，或因方便灵活、自在随意、丰俭由人而受到欢迎。如清代天津著名的八大饭庄，皆属高档的综合饮食店，拥有宽阔的庭院，院内有停车场、花园、红木家具及名人字画等，只承办筵席，宾客多为显贵。而成都的炒菜馆、饭馆则是大众化的低档饮食店，“菜蔬方便，咄嗟可办，肉品齐全，酒亦现成。饭馆可任人自备菜蔬交灶上代炒”(《成都通览》)。此外还有一些风味餐馆和西餐馆也很有个性，如《杭俗怡情碎锦》载，清末杭州有京菜馆、番菜馆及广东店、苏州店、南京店等，经营着各种别具一格的风味菜点。

清代后期，以上海为首，广州、厦门、福州、宁波、香港、澳门等一些沿海城市沦为半殖民地化城市，西方列强一方面大肆掠夺包括大豆、茶叶、菜油等中国农产品，另一方面向中国疯狂倾销洋食品。但传统餐饮市场的主导地位即使在口岸城市中也没有被动摇，甚至借助于殖民地化商业的畸形发展，很多风味流派还得以传播和发展。例如上海的正兴馆、德兴馆，广州的陶陶居，福州的聚春园，天津的狗不理包子铺等都是在这一时期开业的。

二、市肆饮食的基本特征

（一）技法多样，品种繁多

市肆菜点在漫长的历史发展中，大量吸取了宫廷、官府、寺院、民间乃至少数民族的饮馔品种和烹饪技法，从而构筑了市肆风味在品种和技法方面的优势，如《齐民要术》中记载的一些制酪方法，实际上是由于当时西北游牧民族入主中原后仍保留着原来的饮食习俗，且这种饮食习俗已在汉族人的饮食生活中发生了影响，甚至已有了广泛的市场。元代的京都市肆流行着"全羊席"，京师中许多高档酒楼餐馆都有满族传统菜"煮白肉""荷包里脊"等出售，其法皆传于皇室王府。

佛教传到中国后，很快为中国人所接受。佛教信徒除出家到寺院落发者外，更多的是做佛家俗门弟子。他们按照佛门清规茹素戒荤，市肆饮食行业为了满足这些佛教徒的饮食之需，学习寺院菜的烹饪方法。如唐代，许多市肆素馔如"煎春卷""烧春菇""白莲汤"等，其烹饪方法皆得传于湖北五祖寺。许多古代素食论著如《齐民要术・素食》《本心斋蔬食谱》《山家清供》等，所录素馔及其方法，无法辨别哪些是官府或民间的，哪些是宫廷或市肆的，哪些又是寺院的。市肆饮食烹饪方法大大多于官府烹饪或寺院烹饪。据统计，在反映南宋都城情况的《梦粱录》中记述的市肆烹饪方法竟近 20 种。该书所记的市肆供应品种，诸如酒楼、茶肆、面食店等出售的各种品种，共计 800 多种，如果按吴自牧自述的"更有供未尽名件"这句话看，市肆饮馔的实际数量应当更多。另外，像《成都通览》录述了清末民初成都市肆上供应的川味肴馔 1328 种；《桐桥倚棹录》记载苏州虎丘市场上供应的菜点有 147 种；《扬州画舫录》《调鼎集》等有关市肆菜的记载亦不在少数，足见市肆饮食种类之多。发展至今，各地市肆菜点更是丰富多彩，难以数计。

（二）应变力强，适应面广

餐饮业的兴盛，早已成为市场繁荣的象征，而都市的繁荣与都市人口及其不同层次的消费能力关系密切。以北宋汴京为例，当时 72 户"正店"酒楼最著名的就有樊楼、杨楼、潘楼、八仙楼、会仙楼等，这些"正店"楼角凌霄，气势不凡，属于消费档次较高的综合性饮食场所，也是王府公侯、达官显贵的出入之

地;而被称为“脚店”的中小型食店,多具有专卖性质,如王楼山洞梅花包子、曹婆婆肉饼、段家爊物、梅家鹅鸭等,各展绝技,因有盛名,成为平民百姓乐于光顾的地方。至于出没夜市庙会的食摊、沿街串巷叫卖的食商,更是不可胜数。这样的饮食市场具有明显能适应不同层次、不同嗜好之饮食消费的特点。

积极的饮食服务手段也构成了市肆风味适应面广的一个因素,这在《东京梦华录》中多有反映。汴京的酒楼食店,总是从各方面满足食客的饮食之需,可谓用心良苦,“每店各有厅院东西廊,称呼坐次。客坐,则一人执箸纸,遍问坐客。都人侈纵,百端呼索,或热或冷,或温或整,或绝冷、精浇、膘浇之类,人人所唤不同。行菜得之,近局次立,从头唱念,报与局内。当局者谓之‘铛头’,又曰‘着案’讫。须臾,行菜者左手杈三碗,右臂自手至肩叠约二十碗,散下尽合各人呼索,不容差错。一有差错,坐客白之主人,必加叱骂,或罚工价,甚者逐之”(卷四)。这样的服务程序不仅满足了食客的需求,也赢得了食客观赏这种表演性服务方式的心态。

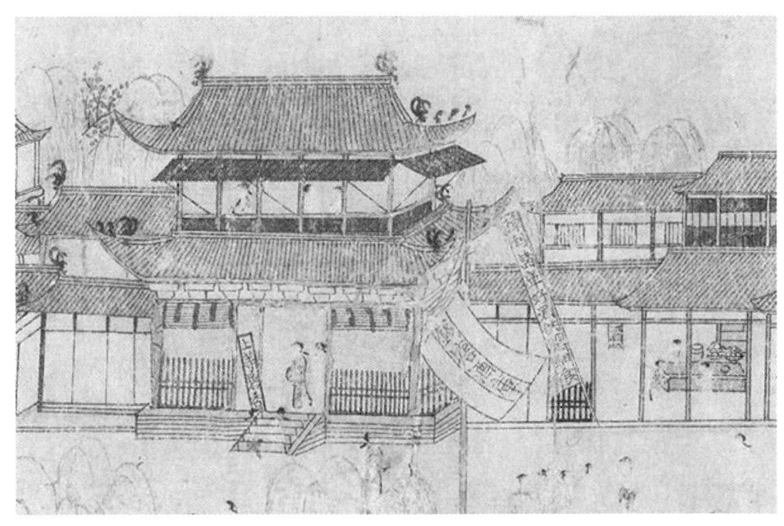

市肆菜点与服务,都可以应时而变,应需而变。都邑酒店饭铺,并非仅供行旅商贾或游宦、游学者的不时之需,更多的是满足都邑居民的饮食需求,“市井经纪之家,往往只于市店旋买饮食,不置家蔬”(《梦粱录》)。而宴请包办的服务项目,在汴京多由大酒楼承办,包括“椅桌陈设,器皿合盘,酒檐动使之类”“托盘下请书,安排座次,尊前执事,歌说劝酒”,至于肴馔烹调,更不在话下。后来临安“四司六局”中的“四司”作为专为府第斋舍上门服务的机构,则是市肆饮食应需而变在服务方面的具体体现。市肆菜发展到今天,已经演变成为以当地风味为主、兼有外地风味的菜肴。而像北京、上海、广州、成都等地,几乎可以品尝到全国各地的风味菜点,这正是市肆菜应需而变的必然结果。

第四节　文化性风味的形成与发展

学习目标

1. 熟悉祭祀菜的类型与特点。
2. 了解宫廷菜的主要特点。
3. 知道各时期官府菜的代表,特别是保存至今的官府菜。
4. 知道各时期商贾菜的代表,特别是保存至今的商贾菜。
5. 了解寺观菜的发源、发展及主要烹饪特色。

一、祭祀菜

祭祀菜即祭奠神祖鬼魅的菜，是中国最古老的菜品，萌芽于原始社会末期。经过尧、舜、禹、汤数代的演变，至周形成样板。秦汉开始，它作为古代食礼保存下来，唐、宋、元、明均进行过改制，清代最为规范。辛亥革命以后逐渐衰亡，现今只在部分少数民族地区和清明、中元、除夕祭祖时，能见到一些踪影。祭祀菜起源于原始宗教信仰中的自然（含天象、大地、山石、水火）崇拜、生物崇拜、图腾（古代氏族的标志物，如龙、凤、枫、竹之类）崇拜和祖灵崇拜，以天神、地祇、人鬼、物魅为供奉对象，达到"事神以致福"（通过敬神而得到福乐）的目的。由于代表大自然的神鬼妖魔具有无比的威力，所以祭祀历来被视为"生之本"和"国之大节"，祭祀菜也染上了神秘的色彩。

祭祀菜包括如下类型：一是"福礼三牲"，即认真挑选、整治干净、不加烹调的整牛、整羊、整猪（有时也用鸡、狗等物）；二是"福果净水"，即新鲜粮豆瓜果和美酒、奶酪、泉水，多用古朴的瓦陶制品盛装；三是"奠菜冥席"，即献给鬼神与亡灵的供菜和奠席。祭祀菜多称"福物"，器皿通常叫作"礼器"。

祭祀菜的特点如下。

（1）按典章制度的规定准备，工艺古板，不许变更品种，不许增减数量。

（2）风格朴素，注重复古，菜名也遵古制。

（3）有相应的祭奠仪式，多由祭司、皇帝、族长或家长主持，气氛庄严。

（4）祭祀菜品的选配，多因神、因鬼、因祖先嗜好而定，带有"媚神""媚鬼"性质。

（5）祭祀菜用过后，或抛洒、深埋，或由与祭者分享。后者名曰"纳福"，意为享受神的恩赐。古代祭祀菜和祭祀席甚多，如先秦的"告庙"（帝王出征前祭祖，求其荫庇），汉魏六朝的"祭社（土地神）"，隋唐宋元的"布福"（以全羊为福礼的祭神宴席），明清的"赏赐祭神肉"（即白肉）等。像明代"太庙荐新仪"，则是帝王以新鲜五谷和节令美食，祭祀列祖列宗，从正月到腊月，共 12 次，分别供奉 59 种食品，意为"尝新"，表示对祖灵的慰问。

由于筵宴起源于祭祀，早期的宴飨菜多由祭祀菜转化而来，所以祭祀菜对中国饮食文化的影响比较大。现今不少名菜（如烤乳猪、腊八粥、肉馅馒头、太阳饼），都曾用于祭祀；从现今的一些宴席格局（如钱塘的"上年坟"、山西的"寒食节冷餐"），仍可看到古代祭祀席的影子。

二、宫廷菜

宫廷菜是奴隶社会和封建社会中，帝后嫔妃和王子、公主专用的菜品。它起源于夏初，延续到清末，前后经历5000余年，各代风格不尽相同。例如：周代讲求“五味调和，烹饪得宜，珍馐宴享，饮膳有序”；汉代重视“尊古合仪”（尊重古制，符合礼仪），吸收西域菜和少数民族菜；元代提倡“食饮必稽于本草”（饮膳配置应当以中医养生观作为依据），突出羊馔；清代强调“满汉合璧”，健全光禄寺（掌管皇家饮膳的机构）体制，御厨各有分工，席、菜均有“定式”。

宫廷菜一出现，就是由食官管理、御厨制作的。从食官看，夏代有“庖正”，商代有“内饔”，周代有“膳夫”，秦汉有“少府”，南北朝有“光禄卿”，隋唐有“内侍省”，两宋有“珍馐署”，元代有“宣徽院”，明代有“尚膳监”，清代有“光禄寺”和“鸿胪寺”等，从未缺额，而且官阶都不低，一般都是五品上下。从御厨看，人数众多，分工细密，像周代便有2100余人，隶属22个部门，由208名职官管辖；清末有300余人，隶属荤局、素局、点心局、饭局和包哈局（专做烧烤菜和腌菜），而且太后、皇帝、后妃等的厨房分开，各由专人负责，行宫也配备相应人员。之所以如此，不仅出于王室成员贪图享乐，更重要的是维系帝王家族的身体健康，使皇统永固。

宫廷菜的主要特点如下。

(1) 选料广博而精细，重视食养与食治。这是宫廷优裕的物质条件和特权所决定的，既有四方贡物，又可下旨催索，取精用宏，自在其中。同时宫中还有众多御医，充当“营养医生”之职。

(2) 管理严格，精烹细作，所出皆为精品。御厨都是认真筛选出来的，他们各有“绝活”；加之管理严格，分工细密，建有“尝膳”（预先品尝）制度，失职者轻者鞭笞，重者杀头，故而人人小心谨慎。

(3) 上承下传，四方借鉴。每朝宫廷菜既有皇室倡导的主体风格，又是全国名菜美点的汇展橱窗。像前文介绍的周、汉、元、清四代便是如此。

(4) 名宴多，礼仪隆，流光溢彩，气势磅礴。如周代八珍席、汉代大风宴（刘邦称帝后衣锦还乡的盛宴，因120名小童在席间高唱《大风歌》而得名）、元代诈马宴、清代千叟宴等，都在中国烹饪史上留下了光辉的一页。

由于菜品精致，深受上层人士喜爱，不少宫廷菜流传下来。它的主渠道是北京的仿膳饭庄、御膳饭店和颐和园听鹂馆，其他渠道是流散各地的御厨及其传人，以及被帝王赏赐过菜或菜谱的王公大臣及其后代。代表品种有北京烤鸭、八宝豆腐、镂金龙凤蟹、钟祥蟠龙、豌豆黄、小窝头、肉末烧饼、散烩八宝等。

三、官府菜

官府菜又名公馆菜，是旧社会权贵缙绅人家所制的肴馔，其掌厨者俗称“官厨”。它始于周秦时期的诸侯府第，汉晋隋唐已粗具规模。西晋荆州刺史石崇以操办“金谷园宴”驰名，晚唐宰相段文昌的厨房更有“炼珍堂”之美称。降及宋元明清，官府菜更多，除了绵延千载的孔府菜外，各朝均有代表。如宋代东坡（苏轼）菜，元代左司都事元好问家菜，明代严嵩家菜，清代随园（乾隆年间进士袁枚的住所）菜、曹家（江宁织造曹寅）菜、宫保（山东巡抚丁宝桢）菜、谭家（清末翰林谭宗浚）菜等。民国年间，官府菜仍未衰微，其佼佼者是组庵（国民政府主席谭延闿）菜和帅府（民国军政府陆海军大元帅张作霖）菜。

官府菜兴盛，主要原因如下。第一，享乐和应酬。所谓“千里做官，为了吃穿”，正是它的最好诠释。再加上古代官办酒楼甚少，官场应酬多在家中，因此不少官府广蓄名厨，许多夫人擅长中馈。第二，以珍馐作敲门砖，谋求升迁。历朝都有献食之风，不仅须向朝廷和上司进贡金银财宝和乡土特产，还要置办美食。像隋炀帝带领 20 万随从浩浩荡荡游江南时，沿途食饮都是各地官府准备，清代的乾隆皇帝，更喜欢在大臣家中做客。这些“献食”如果操办得好，常可获得奖励与升赏。第三，注重饮食养生。不少官宦人家，熟悉医道，文化素质较高，常将中医保健学中药疗养学与配膳巧妙结合，调制出可以养生延年的饭菜。像陆游、袁枚均系如此，这也是“三代做官，方才学会吃穿”的含义。

与宫廷菜相比，官府菜有着不同的特色。①多以乡土风味为旗帜，重视祖传名菜的调制。各代官员来自各地，厨役多从家乡调鼎高手中选聘，其肴馔也重视“祖风”的传承。②注重摄生，讲求精洁，一般不追求形式华美，而是以养生为目的，以风味取胜。像清初康熙年间京城达官贵人举办的“一品会”，便是各家轮流请客，菜肴仅有一道。③开放进取，善于借鉴创新，生命力强盛。例如清末著名的“谭家菜”，是北京风味与广东风味的完美结合，获得“戏界无腔不学谭（晚清著名京剧大师谭鑫培），食界无口不夸谭”的好评。

现今保存的官府菜较多，以孔府菜、谭家菜、随园菜、东坡菜、帅府菜、宫保菜等为代表，名品有孔府一品锅、怀抱鲤、诗礼银杏、带子上朝、黄焖鱼翅、草菇蒸鸡、煨乌鱼蛋、全壳甲鱼、东坡肉、组庵豆腐、李鸿章杂烩、宫保鸡丁等。

四、商贾菜

商贾菜诞生在豪商巨贾之家，特别是古代茶商、盐商、铁商和近代金融家、实业家、买办之家。它出现较迟，流行在唐代以后。相传“酿金钱发菜”，出自长安巨商王元宝之家；著名食书《云林堂饮食制度集》，出自无锡豪富、大画家倪瓒之家。中国古代最详备的食书《调鼎集》，也与江淮大盐商童岳荐有关。至于民国年间的徽帮会馆菜、山西钱庄菜、广州茶楼菜和上海洋行菜，也均是商界积极介入的产物。

商贾菜的兴盛，有其特殊的社会、历史背景。封建时代，中国一直奉行“重农抑商”政策，不许商人当官、从政。许多商人为了取得某些商品（如盐、铁、茶）的专卖权，获得暴利，常用一切手段勾结官府，其中自然包括酒食。还由于商人在政治上无地位，为了寻求心理平衡，特别爱在饮宴上“摆阔”，以吸引社会的注意。此外，商贾进行贸易，须以宴席作媒介，商贾豪奢的生活，也常表现在宴乐中。所以连乾隆皇帝也不得不承认，清代淮扬盐商，“衣服屋宇，穷极华靡；饮食器具，备求工巧；俳优伎乐，恒舞酣歌；宴会嬉游，殆无虚日；金钱珠贝，视为泥沙”。从《金瓶梅》描写的饮食生活中可看出明代商贾菜的影子。至于满汉全席的问世，也与清代商贾的推动有关。

商贾菜特色主要有两方面。①崇尚形式，用料名贵，调制奇巧，筵宴奢靡，故而实用性不强。对此，《随园食单》多有论及。如“耳餐者，务名之谓也，贪贵物之名，夸敬客之意，是以耳餐，非口餐也”“目食者，贪多之谓也。今人慕‘食前方丈’之名，多盘叠碗，是以目食非口食也。”“余尝过一商家，上菜三撤席，点心十六道，共算食品，将至四十余种。主人自觉欣欣得意，而我散席还家，仍煮粥充饥”。

②部分养生菜品，在懂饮食的主人督导下，做得小巧玲珑，颇有品尝价值。如《金瓶梅》中的“西门庆家宴”，新中国成立初期上海上层工商界人士聚餐的“莫有财厨房”。现今广州、上海、天津的市肆菜，有一些是由商贾菜改造而来的，很受市场欢迎。

商贾菜代表品种也不少，如云林鹅、香螺先生（即鸡汤汆香螺片）、水晶肴蹄、柳蒸糟鲥鱼、台鲞煨肉、鸿运当头（即烤乳猪）、发财好市（即蚝汁发菜）、大鹏展翅（广东菜，多用家禽制作）、乌龙吐珠（海参菜）等。

五、寺观菜

寺观菜又称素菜、释菜、斋菜、素馔、道观菜或香积厨，出现在东汉，主要指大乘佛教徒和全真派道人食用的菜点。它包括清素（全部禁绝荤料）的寺院素食和宫廷素食，以及花素（适当辅以荤料）的民间素食和市肆素食，活跃了2000年，享有盛誉。

素菜古已有之，先秦的“素羹”“菜食”和“茹素”，都指素菜。它源于中国植物性食品为主体的膳食结构，以及“五谷为养、五果为助、五菜为充”的营养卫生理论。在佛教传入和道教兴盛之前，中国素菜已存在好几千年。同时根据考证，早期佛、道经籍中，并无吃斋的戒律，现今仍有不少和尚、道人，也是吃荤的。因此，中国素菜与宗教没有必然的联系。东汉之后，素菜与宗教逐步挂钩，可能有两个原因：一是佛教提倡修炼苦行，戒绝情欲，主张茹素，这一思想被中国大多数大乘佛教徒所接受，大约从梁朝起，入寺持斋便成为汉族地区佛寺的戒律之一；二是梁武帝肖衍笃信神佛，三次舍弃帝位出家，素食终身，这样上行下效，礼佛茹斋成为时髦，逐渐形成定则。

中国素菜虽然不是直接发源于宗教，但在演变过程中确实受到过宗教的巨大影响，这可从三个时期的素菜特点来说明。第一时期是佛道二教初兴的魏晋南北朝。此时素菜杂有荤腥料物，较为粗糙，像《齐民要术・素食》所列的“瓠羹”“膏煎紫菜”，便属这一类型。第二时期是佛道二教发展的隋唐宋元。此时素菜中荤腥料物减少，出现了“以素托荤”（即素质荤形、素质荤名）的倾向，工艺较前精细，有了花色素宴，如《山家清供》中的“胜肉夹”“素蒸鸡”。第三时期是佛道二教大盛的明清。此时“清素”与“花素”界限分明，宫廷供佛和僧道食用的为“清素”，市场销售和民间食用的为“花素”。还出现北京法源寺、镇江定慧寺、上海白云观、杭州烟霞洞等素菜名刹，以及文思和尚、大庵和尚、刘海泉、李殿元等素菜大师。对此，《清稗类钞》和《素食说略》均有介绍。至于现今的素菜，多为“花素”，以市肆素菜为主，宗教色彩淡化，倾向于食疗养生。

素菜特色鲜明，主要表现在以下几点。

（1）选料严谨。以三菇（香菇、花菇、草菇）、六耳（石耳、黄耳、桂花耳、白背耳、银耳、榆耳）唱主角，配料是时令瓜蔬、茶果与豆制品，忌用动物性油脂与蛋、奶，回避“五辛”（大蒜、小蒜、兴蕖、慈葱、茖葱）和“五荤”（韭、薤、蒜、芸薹、胡荽），强调就地取材，突出乡土特产。

（2）刀工精细。为了“以素托荤”，它讲究“名同、料别、形似、味近”，还有“鸡”吃丝、“鸭”吃块、

“肉”吃片、“鱼”吃段之说，大多重视标新立异的构思，包、扎、卷、叠等造型技巧，以及各类模具的使用。

(3) 烹制考究。素菜广集各地方菜系之长，为己所用，既有煎、炒、爆、熘等众多技法，又有咸、甜、酸、辣的不同口味，而且品目丰富。在高档工艺素席上，洋洋洒洒数十个盘碗，形神飞腾。

(4) 健身疗疾。素菜符合当今营养潮流，植物蛋白质、维生素、矿物质和粗纤维都较丰富。特别是大量利用花卉、药材和食用菌，不仅可以抗病疗疾，还有美容、减肥与益智功能，故而深受老人、妇女和脑力劳动者的欢迎。

素菜约有1000种，名品有罗汉斋(用三菇、六耳等烩制)、混元大菜(武当山道菜，即大烩素什锦)、鼎湖上素(广东名素菜，即素全家福)、桑门香(湖北黄梅五祖寺素菜，即炸桑叶)、半月沉江(南普陀寺素菜，用面筋、香菇、冬笋等制作)、雪积银钟(象形素菜)、冰糖湘莲、桂花荸荠、拔丝山药、金针银耳、面筋泡、南瓜盅等。

第五节 中国近现代餐饮文化变迁

学习目标

1. 明白近现代长江流域的餐饮文化是中国率先由封闭走向开放的地域饮食文化。
2. 了解长江流域餐饮文化的辐射效应。
3. 洞悉近现代中国饮食观念的革新为何始于长江流域餐饮文化的变化。

一、由封闭走向开放

近现代长江流域的餐饮文化是中国率先由封闭走向开放，不断适应时代潮流的地域饮食文化，从而带动了中国餐饮文化的变迁进程。例如，西方的面粉加工及其制品的传入，对中国近代食品工业的发展有着深远的影响。自19世纪末期机器制面的方法行于中国后，进口面粉越来越多，面包和各种西式糕点也日益盛行。当时的上海是中国面粉工业最发达的地区。上海机器面粉工业，始于1894年英商开办的增裕面粉厂。中国民族资本机器面粉厂1913年共有11家。为保证原料供应，这

些面粉厂纷纷派人到产地设庄收购，小麦价格逐步上扬，促使农民扩大了小麦种植面积。此外，西方的食品工业产品，如罐头、饼干、蛋制品，也在20世纪初长江流域各大城市中有了可观的销路，中外商人在上海、汉口、南京等通商口岸建立了罐头、蛋品、啤酒等食品制造厂。西方饮食及其有关工业的建立，丰富了中国传统饮食文化的内容，也促进了长江流域食品工业的发展。

在西方现代食品工业技术传入中国的同时，作为西方饮食文化综合载体的西式餐馆也在长江流域的各大城市中相继出现，正如《清稗类钞》所云："我国之设肆售西餐者，始于上海福州路之一品香，其价每人大餐一元，坐茶七角，小食五角，外加堂彩、烟酒之费。当时人鲜过问，其后渐有趋之者，于是有海天春、一家春、江南春、万长春、吉祥春等继起，且分室设座焉。"这些西餐厅中出售的啤酒、汽水、蛋糕以及各种西式快餐，渐渐受到人们的喜爱，同时也加快了国人的生活节奏。

20世纪20年代初，上海成为冒险家的乐园，西餐业得到了迅速发展，出现了大型西式饭店，如礼查饭店（现为浦江饭店）、汇中饭店（现为和平饭店南楼）、大华饭店等。到20世纪30年代，又相继建立了国际饭店、华懋饭店、都成饭店、上海大厦等，除了招待住宿外，都以经营西餐为主。

随着新中国的成立，中国人民自己当家作主了，外国人纷纷离开上海，上海的西菜馆一度式微。但经受一百多年西方文化影响的上海人，对西菜的口味、就餐环境有着美好的记忆，如红房子西菜馆几经周折，现今仍为人们怀念法式传统西菜的标志。红房子西菜馆的前身为罗威饭店，由意大利籍犹太人路易·罗威于1935年在法租界霞飞路（现在的淮海中路）开设。1941年太平洋战争爆发，日军进入法租界，老板路易·罗威因犹太人身份而被关入集中营，直至1945年日本投降，罗威获释后又重新买下陕西南路37号重新开业并更名为"喜乐意"。开业后罗威将店面刷成红色，给人热情洋溢、喜气洋洋的感觉，并聘请了当时人称"西厨奇才"的俞永利。而当时年仅24岁的俞永利不失所望，创造出一批拿手菜，尤其是烙蛤蜊，以香味馥郁，味浓爽口，使食客们啧啧称道，拍案叫绝。1973年访华的法国总统蓬皮杜尝过后也赞不绝口，并将其加入法兰西菜谱。

新中国成立后罗威回国，由上海人刘瑞甫作为资方代理人接收了"喜乐意"，当时上海的工商巨头、社会名流、文艺界名人等都是它的老顾客，因"喜乐意"店面为红色，故老顾客都称之为"红房子"。1956年公私合营后"喜乐意"正式更名为"红房子西菜馆"。

"红房子西菜馆"是历史最长、知名度最高、最具有代表性的上海西菜馆。而德大西菜馆原名德大饭店，1897年创始于虹口区塘沽路。当时一个叫陈安生的中国商人，从法国人手里买下位于塘沽

路上一处有两开间门面的商铺，专门经营牛羊肉和各种卷筒火腿、培根等西餐食材。由于与外商接触较多，德大开始承包外商轮船伙食，后来便设立了西菜餐厅，供应西式大菜，顾客主要是附近的外国侨民、机关人员、银行职员、记者等各界人士，颇有声誉。德大西菜馆也是现今上海本土化西菜的标志之一。

二、长江流域餐饮文化的辐射效应

近现代长江流域餐饮文化的发展变化是以长江中下游的对外通商口岸为中心，逐渐向周围地区影响和辐射的。西餐中做、中餐西做，中西合璧也为人们所接受，可以说，近现代长江流域饮食文化的发展，就是在西方餐饮文化的冲击下，不断变革图存的过程。

由于近代西方物质文化明显领先于中国，因此在这种大背景下，中国人普遍产生了一种崇洋媚外的文化心态，对西方饮食也怀有一种新奇感，总想“开洋荤”，这就使上海成了近代中国西方食品的集中地。然而由于洋菜馆的奢侈和西式食品的昂贵，“开洋荤”便成为一种中上阶层的排场了。为了适应中国人不同的消费水平，西餐馆既有高贵的大酒店，亦有简陋的小餐馆，这些小餐馆虽然小，但总有几分洋味：桌上总有雪白的台布，再摆上亮晶晶的刀叉，菜牌子上还要写两个外国字，所以知识分子、公务员之类的人是常客。

构成近代文明的具体事物显示出自身的优越性之后，便引起越来越多的人对它由感到新奇到追求、享用、崇拜和仿造，于是便形成了近代文明的派生物——崇洋风气。崇洋风气，最先是以上海及长江沿岸通商口岸城市为中心，逐渐向周边扩散的。它冲击了保守思想，对革除陋俗，激发人们趋新求变，主动接受西方先进的生产方式和生活方式，推动中国社会前进等方面具有一定的积极作用。

在上海的带动影响下，长江沿岸的汉口、南京、重庆、宜昌、九江等城市的饮食生活，也先后发生了类似的变化，并对长江流域内其他地区形成了辐射，促进了整个长江流域饮食文化的革新。特别是改革开放之后，由于国门大开，西方饮食文化更是通过长江下游不断进入长江流域，如麦当劳、肯德基等餐厅开遍了大江南北。此外，长江流域内不同地区的餐饮文化互相渗透、互相影响也日趋加剧。川味东下，苏味西上，武汉成了四方风味交汇之地。不同地区、不同风味的交流与融合，都使得长江流域的餐饮文化发生了较大变化，各种融合菜不断出现。

三、餐饮观念的革新

伴随着近现代长江流域餐饮文化的变化，人们的饮食观念也相应发生了一些变化。众所周知，中国传统的烹饪方法，比较注重菜肴的整体效果，讲究调和鼎鼐，把味道放在首位，很难进行定性定量的分析，以菜肴的色、香、味、形的美好、谐调为目的。而西方传统烹饪方法多从理性角度考虑，注重营养和卫生，对味道之美反而不大讲究，呈现出味道单一，营养价值一目了然的特点。

随着近代长江流域中西饮食文化交流的频繁，人们日益感觉到西方饮食注重科学营养的重要意义，特别是一些留洋回来的中国人，认识到“西俗于养身之道，无论贫富贵贱，皆较华人为讲究。凡稍有身家者，每膳必食兼味，必有牛肉，有洋酒一二品。食毕，有水果，有咖啡，有雪茄烟。早晚必饮牛奶或牛肉汤。虽工人仆御之流，每七日亦必食牛肉一二次，否则谓无以养生也”。这种重视营养的饮食思想传至中国，便冲击着中国传统以味为主，以饱为足的饮食观念。人们开始注意营养和卫生。知识界（主要是上海的知识界）也开始翻译了一批西方的烹饪著作，然后又从烹饪原理和食物化学的角度来对传统烹饪方法进行理论分析，出现了一批对食物成分和烹饪理论进行研究和分析的专著与论文。如《造洋饭书》、李公耳《西餐烹饪秘诀》、下田歌子《新编家政学》、杨章父《素食养生论》、龚兰真和周璇《实用饮食学》、吴宪《营养概论》等数十种，这些书籍均在上海出版。正是由于上海学术界和出版界的共同努力，西方饮食科学知识在上海及长江流域，乃至全国得到了全面系统的传播，它丰富了人们在餐饮文化方面的理论思维，促使人们从世界文化的角度来认识自身的文化遗产。在这种中西文化的交流当中，古老的吴越、荆楚、巴蜀的餐饮文化也都逐渐以新的面貌迈入世界餐饮文化的

新时代。

近现代西方餐饮文化由上海登陆，并广泛传播，在经过了一段与中国传统餐饮文化相冲突的过程后，正逐渐融合于中国餐饮文化之中。由冲突走向融合的结果，是外来的许多习尚已成为中国人生活中须臾不可少的一部分，我们的饮食生活呈现出与祖、父辈许多不同的风貌。这就使中国传统饮食生活出现了创新，而创新中又蕴含着传统。近现代西方餐饮文化的传入，国内不同地域餐饮文化的交流，使长江流域各地区的餐饮文化产生了既有传统特征，又有外来风格的变迁，在文化形态上完成了传统向近现代的转型，并促进了中国社会更加开放。

习题

1. 在西周的“礼”中，饮食器具除了饮食用途以外，还被作为什么？
2. 筵宴规格的等级衡量标尺有哪些？
3. 在周礼中，飨、燕、食三者各以何为重？举行地点有何不同？
4. 请简述燕饮礼制的目的。
5. “烧尾宴”因何而得名？
6. 中国现代筵宴由哪几大板块构成？
7. 中国现代筵宴在形式风格上有哪些讲究？
8. 分餐制和共餐制哪个是古代中国饮食文化的主角？
9. 什么叫市肆风味？“市”和“肆”这两个字的原意是什么？
10. 中国是从哪个朝代、经哪条路线引进制糖生产技术的？
11. 文化性风味的菜品一共有哪五大类？
12. “戏界无腔不学谭，食界无口不夸谭”的含义是什么？
13. 《云林堂饮食制度集》出自哪位历史著名人物？
14. 简述东汉之后，素菜与宗教逐步挂钩的原因。
15. 简述近现代长江流域餐饮文化的发展变化。
16. 《清稗类钞》记录的中国最先开设的西餐馆在哪个城市、哪条路上，餐馆名称是什么？

第六章

中国烹饪的养生观

扫码看课件

导学

天人合一的生态观念、食治养生的营养观念和五味调和的美食观念构成了中国烹饪科学的理论体系。

中国人在烹饪饮食活动中都非常重视对天时的关照。在进行烹饪加工过程中，要让天地四时的阴阳和人体的阴阳处于平衡状态。中国地域广阔，而地域不同，物候各异，使人们对食物的嗜好与选择形成了对比性差别。

人的饮食活动与饮食对象必须满足人的养生需要，通过原料的合理搭配与合理饮食，去弊除疾。饮食有节是中国烹饪科学的重要内容，是食治养生这一传统营养观念的主体。五味调和的美食观念，是指通过对饮食五味的烹饪调制，创造出合乎时序与口味的新的综合性美味。

老子提出的重要饮食理念有：为腹不为目；五味令人口爽；味无味、甘其食。孔子的饮食养生观包括：食不厌精，脍不厌细；肉虽多，不使胜食气；唯酒无量，不及乱；食不言；不撤姜食；八不食；不多食；重食医等。

饮食养生的宗旨是淡为真味、以洁为本、以和于身。

养生菜是选用既可食用，又可药用的动植物原料，按照中医要求而烹成的菜饭羹汤。

第一节 中国烹饪科学的定义

学习目标

1. 了解中国烹饪科学的定义。
2. 熟悉中国烹饪科学理论体系的构成。

中国烹饪科学是建立在对生物学、医学、人体生理学的认识的基础上发展起来的一门科学，它使烹饪技术具有了科学的性质。中国烹饪科学的形成与发展，是以中国人几千年的艰苦实践和不断积累、不断总结经验为前提的。天人合一的生态观念、食治养生的营养观念和五味调和的美食观念构成了中国烹饪科学的理论体系。

第二节　天人合一

学习目标

1. 理解“食顺天时”。
2. 理解“食适地宜”。
3. 理解“食从阴阳”。

中国人在长期的生产劳动和饮食活动实践中意识到，人的生命过程是人体与自然界的物质交换过程，人体的新陈代谢是通过饮食活动进行的。天人相应的生态观念，就是指人获取自然界的食物原料烹制肴馔来维持生命、营养身体，必须适应自然，适应环境，要在宏观上加以控制，保持阴阳平衡，使人与天（自然）相适应。

一、食顺天时

自古至今，中国人在烹饪饮食活动中都非常重视对天时的关照。《礼记・内则》曰：“凡和，春多酸，夏多苦，秋多辛，冬多咸，调以滑甘。”再以此为前提，提出了顺应四时之变、调整烹和之道的饮食方法。如《礼记・内则》中就说：“脍，春用葱，秋用芥。豚，春用韭，秋用蓼。脂用葱，膏用薤。三牲用藙。和用醯。兽用梅。”意思是春天吃生鱼片时宜配葱丝，秋天则搭芥菜；烤猪腿春天铺葱叶，秋天塞辣蓼；熬动物油脂时需要去除腥膻味，有角动物的油称脂，要用葱，没角动物的油名膏，该用薤，就是小蒜或藠头；煮猪牛羊三牲之头作祭祀之品，应该用藙，就是花椒；调和酱汁要用醋，野味用梅。季节不同了，原料的配伍方法也就随之而变。元代宫廷太医忽思慧在其《饮膳正要》中也论述了主食当顺应四时之变而变化的观点，并提出了主食的“四时所宜”：春气温，宜食麦；夏气热，宜食菽；秋气燥，宜食麻；冬气寒，宜食黍。清代美食家袁枚在其《随园食单・时节须知》中说：“冬宜食牛羊，移之于夏，非其时也；夏宜食干腊，移之于冬，非其时也。辅佐之物，夏宜用芥末，冬宜用胡椒。”可见，中国人在长期的饮食实践中很重视时令季节的变化对饮食活动的影响，可以根据不同的季节选择不同的食物原料进行烹饪、食用，不仅掌握了不同季节原料的出产规律，还能遵循时令来把握自身对食物的需要。

二、食适地宜

中国地域广阔，山川纵横，气候物产各异，风土人情不同。《黄帝内经・素问》指出，地域不同，物候各异，使人们对食物的嗜好与选择也形成了对比性差别，说东方之民“食鱼而嗜咸”，西方之民“华食”（美食），北方之民“乳食”，南方之民“嗜酸而食腑”（有腐臭味的食物），这也是对各地饮食风格的概括。晋朝张华在其《博物志》中也载述了不同地域的人对食物的不同选择和爱好：“东南之人食水产，西北之人食陆畜。食水产者，龟蛤螺蚌以为珍味，不觉其腥臊也；食陆畜者，狸兔鼠雀以为珍味，不觉其膻也。”人们不仅在食物原料的选择上显示出地域的差异性，就是在口味上，地域差异也同样有所体现。清人钱泳《履园丛话》言：“同一菜也，而口味各有不同。如北方人嗜浓厚，南方人嗜清淡。”仅以江苏菜而论，由于气候、物产及历史文化等因素的差异，江苏菜就有淮扬、苏锡、金陵和徐海四大地方风味。

三、食从阴阳

食从阴阳，是指饮食活动要从宏观上把握住人与自然环境的和谐关系，而这种和谐关系的中心

就是保持人体的阴阳平衡。在进行烹饪加工过程时，要让天地四时的阴阳和人体的阴阳处于平衡状态。阴阳平衡是人体健康必需的。

《黄帝内经》说："水为阴，火为阳。阳为气，阴为味。味伤形，气伤精；精化为气，气伤于味。"可见，人的生存过程就是人体与自然的物质交换过程。人们通过摄取饮食五味以求得能动的阴阳平衡，维持人体的正常生理状态。中国历史上逐渐形成的原料配伍的饮食制度、饮食须知和饮食禁忌以及对食物结构的科学选择与烹饪技术的运用，无不与这种宏观认识有关。总而言之，中国人的饮食烹饪活动，正是在这样宏观的认识基础上进行的。

第三节 食治养生

学习目标

1. 了解食物的性味、归经观念，及其在烹饪中的广泛应用。
2. 熟悉饮食有节三方面的内容。

所谓的食治养生，就是指人的饮食活动与饮食对象必须满足人的养生需要，通过原料的合理搭配与合理饮食，去弊除疾，以求健康长寿。

一、性味归经

性味和归经是中国传统养生学中特有的术语，是在观察事物的整体功能基础上产生的。

性味，就是食物的性能，主要包括四气五味。四气，是指食物具有的寒、凉、温、热四种性能，这是根据食物的整体功能而不是实际温度划分的。凡是具有清热、泻火、解毒功能的食物即为寒凉性食物，凡具有温阳、救逆、散寒等功能的食物即为温热性食物。而在寒凉、温热之间的食物则称为平性食物，具有健脾、开胃、补气等功能。五味，就是食物具有的甘、酸、苦、辛、咸，这也是根据食物整体功能而不是化学味道划分的。饮食养生学中有"甘缓、酸收、苦燥、辛散、咸软"之说。无论是动物性原料还是植物性原料，都可以划分出各自的性味。蔬果类：生姜、荔枝，性温，味辛或甘；丝瓜、柿子，性凉或寒，味甘。肉食类：牛、羊肉，性平或温，味甘；鸭肉、蛤蜊，性凉、寒，味甘或咸。食物的性味不同，养生价值也就不同。甘味能供给营养能量，促进新陈代谢，治虚证；酸味能收敛固涩；苦味能健胃、清热、泻火；辛味能行气、活血、发汗、退热；咸味能软坚散结。

归经，是把食物的作用与脏腑联系起来，通过对脏器定位观察，说明其作用。例如，从食物的食治养生作用上讲，梨有止咳作用而入肺经；酸枣仁有安神作用而入心经；人乳、稻米、大豆有健脾作用而入脾经；核桃仁、芝麻有健腰作用而入肾经；芹菜、莴苣有平肝潜阳作用而入肝经。

食物的性味、归经观念，在烹饪中得到了广泛的应用。严格选择原料，将原料一物多用，综合利用，荤素搭配，性味配合，使主料、配料、调味料协调互补，都来源于食治养生的传统营养观念。中国烹饪自古就很重视菜肴的养生健体功能，强调性味配合得当，使其营养价值得到有效利用。如人体本能需要酸碱平衡，而肉类原料多呈酸性，蔬菜、豆类多呈碱性，因此若片面使用荤料或素料，超出机体耐受范围，就会引起病态反应。性味配合，可以改善菜肴的口感。而蛋白质的利用，也可以在性味配合中取得最佳效果。动物蛋白质和植物蛋白质按一定的比例配合食用，可以互为补充，来达到氨基酸平衡，从而提高蛋白质的利用率。如黄豆芽与猪排骨炖汤在民间较为普遍，究其原因，除味美之外，还有就是蛋白质的利用率很高。另外，为了性味配合得当，菜肴原料的配合并不介意原料的贵

贱，如萝卜产量大、价格低，但其养生价值从未被低估。各地常见的萝卜炖腊肉，除了乡土风味浓郁和味道鲜香之外，就其性味配合来说，还因为萝卜里的酶可分解亚硝酸胺而起到防癌作用。

二、饮食有节

中国人关于饮食有节的阐论古来未绝。如《周易》说："君子以慎言语，节饮食。"因祸从口出，故"慎言语"；因病从口入，故"节饮食"。《吕氏春秋・尽数》言："凡食，无强厚味，无以烈味重酒，是以谓之疾首。食能以时，身必无灾。凡食之道，无饥无饱，是之谓五藏之葆。口必甘味，和精端容，将之以神气，百节虞欢，咸进受气。饮必小咽，端直无戾。"意思是，但凡饮食，不要吃丰盛肥腻的食物，不要饮浓烈的酒。因为这些都是致病的开端。饮食能按时，身体必然没有病患。大凡饮食的原则，不要过饥过饱，这就是让五脏得到安宁。口里一定要认为所食之味为甘美，使精神谐和，仪容端正，用神气帮助饮食的纳入和运化，使周身百节愉快舒适，都投入受纳水谷精气的活动。饮食必须小口吞咽，姿势要端正笔直，不要暴饮暴食。《管子・内业》言："凡食之道，大充，伤而形不臧；大摄，骨枯而血沍。充摄之间，此谓和成。"认为饮食具有如下规律：吃得太多，伤胃而身体不好；吃得太少，令骨枯而血液停滞。吃得不多不少，才可以实现舒和。《抱朴子・极言》言："不欲极饥而食，食不过饱；不欲极渴而饮，饮不过多。"归纳上述有关饮食有节的阐论，可知这个问题实际上包括三个方面的内容，即饮食数量的节制、饮食质量的调节和饮食寒温的调节。

饮食数量的调节，就是指摄取的饮食数量要符合人体的需要量，不能过饥过饱，不能暴饮暴食，否则，不仅消化不良，还会使气血流通失常，引起多种疾病。现代医学研究表明，很多肥胖症和心血管病都是由饮食过量引发的，控制饮食的数量有利于避免这类病症。

饮食质量的调节，是指食物种类的搭配要合理，不能有过分的偏好，否则也会引起身体不适乃至疾病。古今医学理论研究都共同验证了调节饮食的重要性，告诫人们偏食会造成营养不良或营养过剩，应该重视各种烹饪原料的合理配伍，重视粗粮与细粮、蔬菜与肉食的科学配餐。

饮食的寒温调节，就是指食物四性（即寒、凉、温、热）的调节、食物四性与四时之变的对应调节与食物自身温度的调节。强调不能过量食用单一食性食物，食用的食物，其食性不能违背季节，食物自身的温度不能过冷过热，否则都有可能给食者的身体健康带来伤害。

饮食有节是中国烹饪科学的重要内容，是食治养生这一传统营养观念的主体。随着历史的演进与社会的发展，西方营养学进入中国，它与中国传统的食治养生学说形成了相互借鉴和互补的关系，对中国烹饪的科学发展正起到重要的推动作用。

第四节　五味调和

学习目标

1. 理解"众料合烹成菜"。
2. 理解"众味组配调和"。

五味调和的美食观念，就是指通过对饮食五味的烹饪调制，创造出合乎时序与口味的新的综合性美味，达到中国人认为的饮食之美的最佳境界——"和"，以满足人的生理与心理双重需要。在烹调过程中，五味正是通过"和"而相互依存并表现出其审美价值的。这就是中国传统烹调所强调的"以和处众"，是"和而不同"的哲学思辨在烹调实践中的具体运用。

一、众料合烹成菜

五味调和的美食观念，具体表现在菜肴的组成制作上，强调菜点主料、配料和调料的组成与合烹。中国烹饪有一个鲜明的民族特色表现，就是各种烹饪原料合理配伍，在圆底铁锅烹炒，同时还可采用大翻勺和勾芡等技术，使锅中的主料、配料和调料均匀地融合成一体。圆底铁锅合烹成菜不仅适用于炒法，而且还适用于爆、炸、熘、煎、炖、煮等多种烹饪方法。不同种类、质地、形状的原料都可以通过这些方法在圆底铁锅中“以和处众”，合烹成菜。它充分体现了中国饮食“和”的特点，也反映出中国烹饪的模糊性和不易掌握。

二、众味组配调和

五味调和的美食观念表现在菜肴的风格特色上，讲究内容与形式的调和统一，在味道上强调味觉感受完善，在形式上强调视觉效果优美。众味组配一是要通过诸味的巧妙调和来实现，将主料、配料和调料按一定的比例和方法调和一处，使各种原料原有的单一味变成丰富多彩的复合味。如淮扬名菜“大煮干丝”，就是由主料豆腐干丝与火腿丝、笋丝、银鱼丝、木耳丝、口蘑丝、榨菜丝、蛋皮丝、鸡丝等多种配料及鲜姜丝、香菜、青蒜等多种调料，加鸡汤烹制而成的。各种原料原本的单一味，在合理的烹调中形成回味无穷的复合味。中国四大菜系，数千款名馔，无不是利用各类原料天然的单一味进行调配组合，使之成为精湛诱人的复合味的。二是要通过调味和其他手段，使有风味的原料充分表现出自身特点，使无味或少味的原料入味，最终创造出全新的美味，并使这种美味均匀地渗透于各种主料与配料之中，难分彼此。如陕西名菜“红烧牛尾”，就是主料牛尾与胡萝卜、冬笋等配料及干辣椒、姜等调料组配烹调的。先是用中火，将胡萝卜、冬笋和牛尾炸至金黄色捞出，又以旺火将备好的诸味调料与牛尾、胡萝卜、冬笋等加汤同锅烹制，再以小火煨透使汤汁变浓，最终使牛尾的膻腥味去除、鲜美味突出。主料与配料之间形成“你中有我，我中有你”的效果，滋味全新而统一，真正做到了味觉感受完善，视觉效果优美。

事实上，中国烹饪“和”的境界不仅是五味调和、众料“以和处众”的结果，同时也是厨师调动刀工、火候、造型、菜品命名、餐具搭配等各种工艺手段和艺术手法实现的。如著名的仿唐菜“比翼连鲤”，就是将带鳍的鲤鱼连皮对剖，烹制成双色、双味的菜肴，展鳍平铺于盘中，淋上汤汁，味觉效果、视觉效果俱佳。并借用白居易“在天愿作比翼鸟，在地愿为连理枝”的诗句命名此菜，充分展示了中国菜品形态的意境之美。诸如此类的菜肴在中国烹饪中不胜枚举，如出水芙蓉、孔雀开屏、金鱼戏莲、蝴蝶竹荪、松鹤延年、大鹏展翅等菜肴都是五味调和美食观念得以充分发挥运用的结果。

第五节 老子的饮食之道

学习目标

1. 理解“为腹不为目”的意思，并能总结深刻历史教训。
2. 明白“五味令人口爽”这句话的哲理与智慧。
3. 能从“味无味、甘其食”这句话中体会老子的思想。

老子作为中国著名的思想家，早在两千多年前，就为我们后人留下了一本传奇巨著《道德经》。这本凝结老子思想的不仅在当时具有举足轻重的影响，也在两千多年以后的现代生活中起到了十分

重要的指导作用。总结老子提出的饮食之道，有以下几个重要理念：为腹不为目，五味令人口爽，味无味、甘其食。

一、为腹不为目

在《道德经》的第十二章中老子写道："为腹不为目。"这句话的意思简单而言，即不要贪求声色的悦目，只要填饱自己的肚子。但简单明了的文字背后，却隐含着深刻的历史经验教训。

老子生活在春秋时期，在他之前的夏、商、西周构成了他那个时代的历史。夏王朝的最后一个君主是夏桀，夏朝的灭亡与夏桀的饮食之道密切相关。夏桀好美色、酒肉，整日沉浸在酒色肉食之中，肉堆成了山，并用池子来盛酒，平日和大臣们趴在酒池旁牛饮，有"桀为酒池，可以运舟，糟丘足以道望十里，一鼓而牛饮者三千人"之说。有很多喝醉的大臣失足淹死在酒池当中。商纣王是商朝的末代帝王，他整日胡作非为，败坏朝政，是中国有名的暴君。纣王曾下令在沙丘平台用酒装满池子，把各种动物的肉割成一大块一大块挂在树林里，这就是所谓的"酒池肉林"，以便一边游玩，一边随意吃喝。同时又叫裸体男女互相追逐嬉戏，生活糜烂荒淫至极。

老子对这些历史教训是非常刻骨铭心的，因此他在《道德经》中写道："朝甚除，田甚芜，仓甚虚；服文采，带利剑，厌饮食，财货有余；是谓盗夸，非道也哉！"意思是：他们使朝纲混乱、田地荒凉、仓库空虚，自己却穿锦衣、配利剑、酒肉挥霍，并且贪污抢夺百姓的财货。这些人是强盗，其行为是不合乎道义的。老子在书中又写道："民以饥，以其上食税之多，是以饥。"老百姓为什么吃不饱，是由于统治者吞食的租税太多。

"为腹不为目"是老子饮食之道的重要理念，何谓"为腹不为目"？腹表示一个人基本的生存条件和物质条件，目表示看到的东西。圣人以其智慧只求吃饱肚子，身上有御寒的衣服即可。王弼的注释：为腹，是以物养己；为目，是以物役己。意思是：以腹为目的，是用物体来滋养自己；以眼睛为目的，是用物体来奴役自己。

二、五味令人口爽

老子在《道德经》中提出："五味令人口爽。"五味即酸、苦、辛、咸、甘，泛指美食。口爽即口里有差错。就是美食吃得太多了，导致再也分辨不出美食的味道了。

春秋五霸之一的齐桓公因为重用贤士管仲，推行经济、政治、军事改革，达到称霸一方的目的。但就是这样一位明主，却在自己的饮食之道上混掉了自己的一世英名，最终作茧自缚。齐桓公是一位政治家，也是一位美食家。当他吃遍美食的时候便发现什么美食也没有味道了，后来御厨易牙问他想吃什么，齐桓公说："惟蒸婴儿之未尝也。"意思是想吃婴儿的肉(蒸)。易牙便为齐桓公献出了自己的孩子，而后又趁齐桓公病重不能理事将其囚禁并活活饿死。一个美食家被饿死，多少验证了"五味令人口爽"这句话的哲理与智慧。

三、味无味、甘其食

老子在《道德经》第六十三章写道："味无味。"饮食又怎样才能做到"味无味"呢？老子告诉我们要在粗茶淡饭之中品味出它的美味，要在平平淡淡中品味出生活的幸福。这样人世间才不会充满那么多的抱怨和不幸福。

老子在《道德经》第六十七章写道："甘其食。"简单地说，就是有什么吃什么，吃得自在，满足于当下的食物。春秋时期的列国民众普遍生活在艰苦的条件下，锦衣玉食只供给少数人，但是，这并不代表着整日粗茶淡饭就一定不好。懂得惜福，才会有福。不知道珍惜的人，拥有再多，都会慢慢失去。如《道德经》第四十六章所言："祸莫大于不知足，咎莫大于欲得……故知足之足，常足矣。"什么意思呢？真正的祸患莫过于不知满足；真正的过失，莫过于贪得无厌。所以知道满足的人，永远是觉得满足而快乐的。

第六节 孔子的饮食养生观

学习目标

1. 理解“食不厌精，脍不厌细”的原始含义。
2. 能用现代医学论证“肉虽多，不使胜食气”。
3. 理解“食不言”这句话的双重意义。
4. 能列举孔子坚决主张不食的八种食物。

孔子被尊称为“孔圣人”，他创造的儒家思想，对中国乃至世界产生了深远的影响。春秋末期，社会动荡，孔子生活颠沛流离，饱受苦难，但他仍在乱世中享有73岁高龄，远远超过当时30岁左右的平均寿命。后人在《论语》中发现，孔子对于养生，尤其是在饮食方面，很有见解。

一、食不厌精，脍不厌细

“食不厌精”并非是指追求饮食的精美。孔子所处时代，烹调技术比较粗糙，吃的谷物往往伴有未脱尽的壳。所谓“精”，只是挑选优质好米，以免病从口入。而“脍不厌细”是说切肉要细致，以利于消化。

二、肉虽多，不使胜食气

即使餐桌上摆放着各种诱人的肉食，也要控制，不要超过主食的量。肉吃多了伤脾胃，要注意与谷物搭配，饮食要均衡。

孔子的说法得到了现代医学的充分论证。吃肉太多不仅会让脂肪在体内各处堆积，诱发高血压、脑卒中等心脑血管疾病，还会增加结直肠癌的患病风险。因此，吃肉要科学，以多禽少畜、多鱼少肉、荤素搭配为宜。禽肉和鱼肉，肌纤维相对较短，容易消化，脂肪含量也低，可以保护心脏，预防高血脂。就餐中，吃肉要保持“意犹未尽”的感觉，吃到口舌发腻才停筷就已经伤身体了。

三、唯酒无量，不及乱

相传孔子酒量很大，但从不失态，“不乱”便是孔子喝酒的标准。

每个人的酒量不一样，喝酒要掌握好分寸。如果一个人的酒量是4两，喝1两最为合适，小酌不仅怡情，还能起到活血化瘀的作用。喝酒超过酒量的3/4就属于过量饮酒，严重伤肝、肾不说，还会使人失态。酒一下肚，肉也会多吃，从而引发多种疾病。长期酗酒，容易产生精神依赖，常因情绪激动而酿造家庭和社会悲剧。想喝酒不伤身，除了控制量，还要注意不要空腹饮酒，或把多种酒混着喝。

四、食不言

孔子吃饭时绝不会和弟子探讨问题，不仅是因为礼仪，还关乎健康。

吃饭时说话容易噎着，老人、小孩常因此发生意外。食物进了呼吸道，甚至可危及生命。边吃饭边说话，食物还来不及细嚼就被咽下去了，会增加肠胃负担，对于消化功能不好的人来说更是如此。此外，人们边吃边谈，不仅吃饭时间长，还意识不到“饱”的感受，往往容易吃多。即使做不到严格意

义上的“食不言”，也要保证别在说话的同时咀嚼。

五、不撤姜食

姜历来受养生人士推崇，孔子也不例外。姜作为调味品可以去腥，是炖鱼、炖肉的必备食材，还能温胃散寒，解毒杀菌。“冬吃萝卜夏吃姜”，就是强调吃姜可以缓解夏天人们贪凉、过食生冷引发的不适。

把新鲜姜切成片，用醋或盐腌制，每天早上含服两片，对普通人以及虚寒体质、容易怕冷的人有很好的养生功效。姜虽好，但不适合有热证的人，脸上长痘、口舌生疮、爱发脾气的人就不宜多吃姜。

六、八不食

孔子不挑食，可八种食物却坚决不吃，分别是：不新鲜的粮食及肉类、不合季节的食物、颜色不好看的食物、味道不好闻的食物、切割得不合规矩的肉、烹调不当的食物、调料没放对的菜肴、从市场上买来的酒肉。

“八不食”中有一些涉及礼仪问题，也有一些涉及食材选择问题，就是现今热议的食品安全问题，对于防止病从口入，有一定的指导意义。

七、不多食

美味佳肴的诱惑虽然难以抵挡，但孔子依然可以克制住口腹之欲，只吃七分饱。暴饮暴食是养生的大敌，不仅增加肠胃负担，还会导致心气不足，诱发心脏病。此外，吃太多还会导致肥胖、大脑缺血缺氧等。要做到七分饱，必须细嚼慢咽，感受自己饥饿程度的变化，有似饱非饱的感觉时，哪怕再想吃，也应该立刻撂筷停止进食。

八、重食医

孔子非常重视食疗，对常见的一些小病有一套饮食化解的方法。中医讲“药食同源”，就是强调很多食物具有药用价值。食疗前应辨别自己的体质，是虚是实，是寒是热，选择对症的食物。比如：容易失眠的人可以吃些含钙多的牛奶、豆制品；学生等用脑较多的人群，最好吃些花生、核桃、榛子等富含亚油酸的坚果；爱发脾气的人要常喝萝卜汤，疏肝解郁。

第七节　饮食养生的宗旨

学习目标

1. 能分析“淡为真味”的含义。
2. 明白“以洁为本”是养生的第一要旨。
3. 理解合理膳食与合理烹调。
4. 熟悉以养生为标准的膳食应包括哪几类食物。

一、淡为真味

以淡为真味，讲味而不嗜味。烹饪和饮食的规律，崇尚的是质朴而非稀奇古怪、变化多端。质朴

即指食物本味，也就是如今大家所提倡的清淡。《养小录》之“序”言：“是饮食固不当讲求者……至不得其酱不食，何兢兢于味也。”意为饮食本来就不应该孜孜以求味道……至于没有合适的酱就不吃的做法，似乎太过于追求味道了。其实，清人这么讲是以己度人。《养小录》的作者顾仲和序的作者杨宫建都生活在清代，他们可能不明白中国人在商周时期的烹饪方式。孔子生存的时代，人们还不会炒菜，煮肉的时候也不是放入各种调料一起煮，而是用白水煮，这样的肉直接吃没味道，所以就切成小块，蘸着酱吃，酱里有盐有酒，如此一来才算美味。所以孔子才说“不得其酱，不食”。孔子这么说，既是为了食物的基础调味，也是遵循礼制。周礼在衣、食、住、行等方面都有规定。无论是孔夫子还是其他古人，对饮食滋味的追求不能太过分。饮食的规律之一应是以淡为真味，讲味而不嗜味。由此看来，顾仲还是错怪了孔子。清淡饮食不等于不使用调味品，而是不过分使用调味品。因为适当的调味，可以提高食欲、解毒杀菌、舒筋活血。当然不适当的调味，让最终的菜肴超越了清淡的范畴，则会成为健康的杀手。

烹调界有一个秘不外传的奥秘，就是咸味和甜味的互相缓和效应。也就是说，如果在咸味菜里放了糖，咸味就会变得柔和，人们就能容忍更多的盐，而且觉得味道更浓郁、更鲜美、更下饭。京酱肉丝、鱼香肉丝、红烧肉、红烧鱼之类菜肴，多少都采用了这种咸鲜带甜的调味方式，令人感觉味浓过瘾，但其中所含的盐分普遍较高。菜肴太咸了，厨师通常的处理办法不是重新做一盘，而是加入半勺糖，顾客就不会抱怨了。人的胃中有一层厚厚的黏液，正是它保护着胃壁不受消化酶和食物中各种成分的刺激。而高浓度的盐能够让这层黏液变稀，使之失去保护功能，使胃壁容易受到伤害。洗猪肚一定要加盐搓才能洗干净，正是这个道理。但是谁愿意天天用盐来“搓”自己的胃呢？浓味的菜肴，把过多的盐分带入体内，使血液渗透压升高，组织中的水分就会进入血管，使血压升高。同时，还会因为组织中的水分进入血管而造成“生理缺水”。血管中多余的盐，必须和大量水分一起从肾脏排出，又会加重肾脏的负担。如果肾脏功能降低，很容易发生暂时性的水肿。

食淡能知味，心清可养生。味道养育心灵。只有调味清淡，才能使味蕾感受敏锐，善于品味食物中的天然本味。

二、以洁为本

饮食以洁为根本，务洁而后能事。顾仲还在《养小录》中说：“余谓饮食之道，关乎性命，治之之要，惟洁惟宜……至于洁乃大纲矣。”并认为“养生之人，务洁清，务熟食，务调和，不侈费，不尚奇”。决定菜肴质量优劣的首要因素，不在于个人操作技能的高低，而在于操作卫生的好坏。只有在保证清洁卫生的基础上讲究饮食的美味，才对人体健康更有利，即调味之法先务洁而后能事。

随着烹调过程中化学品和新技术的广泛使用，新的食品安全问题不断涌现。尽管现代科技已发展到了相当高的水平，但食源性疾病不论在发达国家还是发展中国家，都没有得到有效的控制，仍然严重地危害着人们的健康，成为当今世界各国最关注的卫生问题之一。养生当然要食用无毒、无害、清洁的食品，符合应当有的营养要求，对人体健康不造成任何急性、亚急性或者慢性危害。

以洁为本是养生菜的第一要旨，对能否过上真正健康的生活至关重要。“以洁为本”于今日之理解，除了清洁卫生以外还应该包括：不吃加工精制食品，不大量摄入未加工的农产品，特别是蔬果。因为蔬果是纯天然的食物，养生的理念就是要避免摄入任何可能以任何形式加工了的食品。

三、以和于身

饮食应以养生为目的，讲究节制、适度，讲究平衡合理。即“有条有节，有益无损。遵生颐养，以和于身”。

（一）合理膳食

《黄帝内经》指出：“五谷为养，五果为助，五畜为益，五菜为充。气味合而服之，以补精益气。”这

是世界上最早的合理、平衡、完善的膳食总结。

食物必须富于营养，即必须含有营养素，不含营养素的物品，不能称为食物。养生依赖于营养，营养依赖于食物。

营养学家一致认为：人体需要的营养素有 40 多种，自然界没有任何一种食物能全面提供这么多营养素。要养生，就要讲究膳食结构合理、平衡，并将各种食物合理搭配、烹调得法，从而获得营养素。

食物要杂，要新鲜，果蔬、荤素、干稀搭配合理，饥饱适度，量出而入，才能保持人体内环境的相对平衡。

合理烹调是非常重要的。烹调能使食物的成分发生复杂的变化。合理加工，科学烹调，能减少营养素的损失，烹调改变了食物的色、香、味、形后，能增加食欲，利于消化、吸收。不科学的烹调方法，会造成营养素的大量损失。

（二）平衡膳食

"食以衡为先"，平衡膳食，就是指膳食中提供的各种营养素，不但数量充足，而且营养素之间应保持适当的比例，使膳食更适合人体生理的需要。为了达到平衡膳食，以养生为标准的膳食应包括下列三类食物：一是供能性食物，主要是谷类食品及油脂等；二是结构性食物，主要是畜禽、水产、蛋、奶等；三是保护性食物，主要是各种蔬菜、水果等。

还应有合理的膳食制度，如在一日三餐中，提倡早餐要吃好，中餐要吃饱，晚餐要吃少。

平衡膳食与维持人体内环境的酸碱平衡关系密切，食物有酸碱之分。动物性食品及谷类食品，多为酸性食物。蔬菜、水果类，多为碱性食物。中国人习惯的膳食主要是谷类淀粉，还有动物性食品，这些都是酸性食物，因此容易影响人体内环境的酸碱平衡，影响健康，甚至引起疾病。为了保持人体内环境的酸碱平衡，必须注意酸性食物和碱性食物的适当搭配，一般可按一份荤食与四份素菜搭配为宜，即一份酸性食物搭配四份碱性食物。

第八节　养生菜的特色

学习目标

1. 了解中国养生菜的理论依据，了解中医学中的几种学说。
2. 熟悉中国养生菜的特色。

养生菜又称食疗菜或药膳菜，大约出现在 2800 年前。它是选用既可食用，又可药用的动植物原料，按照中医要求而烹成的菜饭羹汤。它除了提供营养外，还有某些治疗疾病的辅助作用，可以益寿延年。

养生菜历史悠久。传说中的"神农尝百草，日遇七十二毒，得茶而解之"应是养生菜的萌芽。后来《周礼》说："疾医（营养医生）掌养（治的意思）万民之疾病。……以五味、五谷、五药养其病。"这是有关养生菜的最早记载。稍后的《黄帝内经》说："凡欲诊病者，必问饮食居处。"战国名医扁鹊则讲得更明白："夫为医者当须先洞晓病源，知其所犯，以食治之；食疗不愈，然后命药。"

中国幅员辽阔，物产丰富，到处都有药食兼用的动植物。它们的根、茎、叶、花、果，以及皮、肉、骨、脂、脏，按一定比例组合，稍加调烹，既可满足食欲，滋补身体，又能疗疾强身。因此，一举数得的食疗方剂，历来受到重视。《备急千金要方·食治》《食疗本草》《饮膳正要》《本草纲目》《随息居饮食

谱》《调疾饮食辨》《养生随笔》等医籍中的记载比比皆是。

养生菜的理论依据是中医学中的阴阳学说、五行学说、藏象(中医学名词,藏指内脏,象指人体脏器的生理、病理所反映的现象)学说、性味(指食物的寒、热、温、凉四性和辛、甘、酸、苦、咸五味)学说和时序(指人的生理状况常随季节变化而变化)学说。其要点有三。一是味、形、气、精的五脏相关论,包括饮食与形体、元气、精神的密切依存关系,五味与五脏的亲和性与排斥性,饮食与大自然的相适性等。二是饮食有节与五味调和论,包括饮食数量的节制、质量的提高与五味调和,膳食组成的合理性与完整性,饮食与季节的调适等。三是医疗与食养结合论,主张药食一体化,治病与补养并举。

养生菜大多重视本草学(即中药学)的灵活运用,强调保护"胃气"(中医学名词,指胃的生理功能及其所化生的精气),体现综合性营养,注意药与食的调配忌宜,并形成如下特色。

(1) 以中医药理论为指导,讲究辨证施治,因病配食,药膳配料严格遵循中医方剂学组方原则,科学性强。

(2) 药膳是一种特殊的食品,由药物、食物和调味料组成。它取药物之性,用食物之味和食物之养,发挥调味料之香美,食借药力,药助食威。

(3) 制作方法独特。养生菜是中国菜点烹调技术与中国药物炮制加工技术的统一体,必须具有烹调师和中药师两个方面的专长,方能制作。

(4) 养生菜除补充营养、调和口味之外,还有治病、强身、抗衰老的作用。特别是它可以扶正祛邪(用补益的药、食扶助正气,祛除病邪),增强人体生理功能,促进新陈代谢,激发生命活力。

养生菜品种很多,如绿豆汤、乌鸡粥、豆蔻馒头、果仁排骨、虫草金龟、茴香鲫鱼、附片腰子、冰糖莲子、枸杞炖牛鞭、龙马(即海马)童子鸡、二仙(仙茅、仙人掌)烧羊肉、山海烩双参(人参、海参)等。

习题

1. 中国烹饪科学理论体系的构成是什么?
2.《饮膳正要》提出的主食"四时所宜"有哪些内容?
3. 养生学的性味和归经分别是什么意思?
4. 饮食有节包括哪三个方面的内容?
5. 简述"为腹不为目"的意思。
6. 老子为什么说"味无味、甘其食"?
7. 孔子提出的"食不厌精,脍不厌细"原本所指的是哪两类食物?
8. 列举孔子所主张的"八不食"。
9. 分析"淡为真味"的含义。
10.《黄帝内经》指出的合理、平衡、完善的膳食总结是什么?
11. 为了保持人体内环境的酸碱平衡,应如何搭配酸性食物和碱性食物?
12. 中国养生菜理论依据是哪几种中医学学说?

第七章

中国烹饪的哲学观与美学观

导学

扫码看课件

中国烹饪的基本特征是"中和"。"中和"源于儒家创始人孔子提出的中庸之道。其总特征是承认矛盾而又调和矛盾。

调和五味并不是为了泯灭五味，而是为了使五味之间相互制约，以求中和而共存，进而实现人们所追求的美味。五味调和，既求无过，亦避不及，中而不极，和而不同。

老子说："万物负阴而抱阳，冲气以为和。""阴阳"是万物运动发展的内在因素，"冲气"是对万物相适而存的调控方式。

"味外之味"，又称心理味觉，是味觉审美的最高境界。这在很多情况下并不确指美味本身，而是渗透了主体对饮食审美的情感依恋和理性反思。

美食配美名，是中国烹饪特有的。菜肴名称可分为实名类和艺名类两大类。

中国菜肴的造型千姿百态，为了突出菜肴的造型美，必须选择适当的器皿与之搭配。

中国人的饮食活动中，象征文化内容十分丰富，饮食器具、饮食原料、饮食制作、饮食行为等都可以成为象征文化的载体。烹饪饮食象征文化具有四大社会功能："中和""和而不同""以和为度""味外之味"。

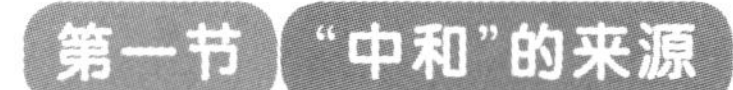

第一节 "中和"的来源

学习目标

1. 了解中国烹饪的基本特征就是"中和"。
2. 学会用哲学思维去领悟烹饪活动中"和"的意味。

中国烹饪的基本特征就是"中和"。

"中和"源自儒家创始人孔子提出的中庸之道。其总特征是承认矛盾，而又调和矛盾。在《论语·雍也》中，孔子直接提到"中庸"二字的地方中有一处，即"中庸为之德也，其至矣乎，民鲜久矣"，认为中庸这种最高道德，已经被大家忽视很久了。孔子是把中庸思想当作最高的道德标准和根本的哲学原则来看的。所谓"中"，就是不偏不倚，无过亦无不及。所谓"庸"，一般有三义：用也，常也，普通也。中庸者，就是要以"中"为用、为常（不变的定理）、为普遍的道理。

孔子提出的中庸之道，"和"是问题的中心。他主张"和而不同"（《论语·子张》），认为"礼之用，和为贵"（《论语·学而》）。在孔子之前，周幽王时的史伯曾提出"和实生物"，认为："和实生物，同则不继。以他平他谓之和，故能丰长，而物归之；若以同裨同，尽乃弃也。"意思是说"和"是不同元素的结合，不同、差别是"和"的前提，这样的"和"才能长久，"和成"的物才能"丰长"，如果"去和取同"，那

Note

就离灭亡不远了。所以说"声一无听,色一无文,味一无果,物一无讲"(《国语・郑语》)。一种声音谈不上动听,一种颜色谈不上美丽,一种味道称不上美味,一种事物无法比较。孔子和史伯一样,认为应该保持万物各自的特性和优点,让它们和而共生。

后来的儒家把"中"与"和"连缀起来进而形成一个专用名词"中和",《中庸》:"喜怒哀乐之未发,谓之中,发而皆中节,谓之和。中也者,天下之大本也;和也者,天下之达道也。致中和。天地位焉,万物育焉。"可见,"中和"是与人的情感活动和万物化育联系在一起的。

其实,"和"的概念最早源于先民对农业生产之认识的结果。"禾"即是"和"之声,也表"和"之意。在农业生产上,经过人为调理而得之于"天"的禾穗就是"和"的结果和象征,这也就是"和"从禾从口、禾亦表声的道理。"五味调和百味香",此语白而不俗。"香"是"和"的一种外在表现,是饮食者与饮食对象间形成的和谐的沟通渠道,这种沟通,正是先民于农事中体会到的人与自然间的默契,后来又被引入哲学范畴。为说明"和"与"同"的关系,史家取譬于先民的饮食活动,如"和如羹焉,水、火、醯、醢、盐、梅,以烹鱼肉"(《左传・昭公二十年》)。其实,中国人的许多情感的表现形态与饮食活动有着密切的联系。如"怡"字,《玉篇・心部》释为"悦也",《尔雅・释诂上》释为"乐也",《广雅・释诂一》释为"喜也",而《说文解字・心部》直接释为"和也"。可见,先民从"美食"烹调与品尝中体悟出生命的快乐,并把这种快乐与哲学思想或社会生活的方方面面联系在一起,从而对意识形态产生了深刻的影响。人们在哲学思辨中去领悟烹饪活动中"和"的哲学意味,提出了"和以处众"(宋・林逋《省心录》)、"和羹之美,在于合异;上下之益,在能相济"(晋・陈寿《三国志・夏侯玄传》),如此等等,不一而足。在烹调活动中,人们用"调"的手段去转化五味之间、水火之间、原料性味之间的各式矛盾,折中而和。

第二节 "和而不同"的烹饪哲学

学习目标

1. 熟悉饮食中的五行学说。
2. 了解袁枚在烹调实践中所总结出的"和而不同"的辩证法则与调剂规律。

"和"与"同"是中国古代思想家们提出的一对重要矛盾。宇宙间的阴与阳、正与反、刚与柔、大与小之间的矛盾,都是"和而不同"的具体反映,在烹调实践中表现得尤为充分。调和五味并不是为了泯灭五味,而是为了使五味之间相互制约,以求中和而共存,进而实现人们所追求的美味。

先民认为"金木水火土"这五行是相互联系、相互影响的存在体,它存在于人的生存过程之中,而饮食则是人之生存的本能需要,因此,先民很重视五行与饮食的关系,并把五行与五味一一对应。《尚书・洪范》言:"一曰水,二曰火,三曰木,四曰金,五曰土。水曰润下,火曰炎上,木曰曲直,金曰从革,土爰稼穑。润下作咸,炎上作苦,曲直作酸,从革作辛,稼穑作甘。"这段文字试图从哲学的高度把人类的饮食活动单独提出,把五行与五味的关系紧密联系,其原因正如朱熹所注:"五行有声色气味,而独言味者,以其切于民用也。"五行之变是天地自然之本,正所谓"在天唯五行"(宋・朱熹《尚书》注)。将人的饮食之需与天地自然之变相联系,反映了中国祖先对人与自然关系的深刻哲学思考。在古人看来,五行之间存在着物性相衡的关系,如《黄帝内经・素问》所说:"夫五运之政,犹权衡也,高者抑之,下者举之,化者应之,变者复之。此生长化成收藏之理,气之常也,失常则天地四塞矣。"明人高濂在其《遵生八笺・序》中说:"饮食,活人之本也,是以一身之中,阴阳运用,五行相生,莫不由于饮食。"将五行与五味相配,这是强调饮食须遵循五行之气的运行规律,使五味的调和与人体变化相和谐。史伯说:"先王以土与金、木、水、火杂,以成百物。是以和五味以调口……夫如是,和之至也。"(《国语・郑语》)

如此说来，五行的相生相克是在“和”的基础上完成的：“同”是不分是非而混合一气，是以一端吞灭另一端；“和”是调节是非而使两端趋于和顺，是两端各守其长，各去其短。以金生金，以土生土，以水克水，以火克火，如此等等，都是不可能的；同理，五味的调和重在一个“和”字。袁枚在《随园食单·调剂须知》中说：“调剂之法，相物而施。有酒、水兼用者，有专用酒不用水者，有专用水不用酒者；有盐、酱并用者，有专用清酱不用盐者，有用盐不用酱者；有物太腻，要用油先炙者；有气太腥，要用醋先喷者；有取鲜必用冰糖者；有以干燥为贵者，使其味入于内，煎炒之物是也；有以汤多为贵者，使其味溢于外，清浮之物是也。”袁氏此语道出了中国烹调实践中“和而不同”的辩证法则与调剂规律。在烹调过程中力求众料和而处之的特色，是中国人“寓杂多于统一”的哲学观在烹调中的体现。

第三节　“以中为度”的准则

学习目标

1. 理解《中庸》所提出的“天下之大本”。
2. 理解《老子》所提出的“冲气以为和”。
3. 理解《吕氏春秋》所提出的“天全”。
4. 熟悉《随园食单》所提出的“无过、不及为中”。

一、天下之大本（《中庸》）

在烹调过程中，五味正是通过“和”而相互依存并表现出其价值的，这就是中国传统烹调强调的“以和处众”，是“和而不同”的哲学思辨在烹调实践中的具体运用而产生的效果。而主宰这一过程的正是一个“中”，正所谓“中也者，天下之大本也”（《中庸》）。

“中”的概念也是源于农业生产之中。甲骨文中已出现这个字形，据学者们考证，“中”本是测天的仪器，既可辨识风向，也可用来观测日影。自古以来，中国便以农为本，以农立国，农业在中国历史上是最早和最为重要的经济部门。而农业生产的基本特点之一就是靠天吃饭，从某种意义上说，在农业生产水平十分落后的远古时代，天（自然）决定着农业生产的丰歉，天的最大特征和本质内容集中表现为一定的时序，如何把握天时，遵循天道，已成为当时先民们共同认知的最高学问。正是这样，远古先民的许多概念、观点、发明都来自农业生产过程中对天的认识和把握。如“中”：一方面，它是根据农业生产的需要，为把握天时而发明的一种工具。以“中”测天，以观时变，从而准确地把握农时，中国人对天的认识和把握首先就是这样开始的。另一方面，从以“中”观天的实践过程体悟出“天命有德”（《尚书·皋陶谟》）之道，进而产生了“惟德动天”（《尚书·大禹谟》）心理。先秦文献有多处直接把“中”与“德”“正”联系在一起，如“丕惟曰尔克永观省，作稽中德”（《尚书·酒诰》）、“跪敷衽以陈辞兮，耿吾既得此中正”（《楚辞·离骚》），使得“中”成为影响和制约整个民族文化心态的一个无处不在，极为重要的哲学范畴与行为准则。

二、冲气以为和（《老子》）

《周礼·地官·大司徒》：“以五礼防万民之伪，而教之中；以六乐防万民之情，而教之和。”贾公彦疏：“使得中正也。”这一审美准则可谓“无孔不入”，表现在烹饪饮食活动中，孔子直接提出“割不正不食”“席不正不坐”（《论语·乡党》）的行为准则，强调以“中正”为美。孔子提出的“中庸”思想，其本质就是要求人们在主观上节制自己的情欲，从客观方面以“礼”节制人们对“声”“色”“味”的追求，这无疑包含着合理的因素，这就是中和之美。如烹饪过程中的五味调和是要使不同之物及物性相互调和

从而达到中和，“和”是天地万物以中为度相依而存的必然形态。《左传・昭公二十年》载齐相晏婴答齐景公提出的“和”“同”之间关系的问题时说：“和如羹焉。水火醯醢盐梅，以烹鱼肉，燀之以薪。宰夫和之，齐之以味，济其不及，以泄其过。君子食之，以平其心。”晏婴所说的烹调之道，其中的关键就是要把握好“中”，厨师在调和过程中，为使味道适中，调料不足的就增补些，过多的就冲淡些，所谓“济其不及”即不可寡味，“以泄其过”即不可过味。寡味与过味都需以“齐”（调和）修正，从而达到无“寡”无“过”的以中为度的和美境界。老子说：“万物负阴而抱阳，冲气以为和。”“阴阳”是万物运动发展的内在因素，“冲气”是对万物相适而存的调控方式。今俗语中有“冲茶”“用酒冲服”，说的就是用水或酒浇注调制，以求适中。

三、天全（《吕氏春秋》）

《吕氏春秋》中的“本味”“本生”“尽数”诸篇，从护生养性的角度，论述了烹调过程把握“中”的必要性。“本味篇”说：“久而不弊，熟而不烂，甘而不哝，酸而不酷，咸而不减，辛而不烈，淡而不薄，肥而不腴。”这就是把握适中的结果，是“中”在烹调过程中的具体表现形态与审美准则。这里，“本味”就是要揭示食味的本质，食味的本质是什么？就是养生所需的内在节律。“本生篇”说：“以全其天也。”即人既能健康地享用天年，又能让自己具有睿智。“天全则神和矣，目明矣，耳聪矣，鼻臭矣，口敏矣……上为天子而不骄，下为匹夫而不惛。此为全德之人”（“本生篇”）饮食的取中调和是“天全”的一个重要所在，五味若不取中和之，则无法取利去害。“尽数篇”说：“大甘、大酸、大苦、大辛、大咸，五者充形则生害矣。”“凡食无强厚，味无以烈味重酒，是以谓之疾首……口必甘味，和精端容，将之以神气，百节虞欢，咸进受气，饮必小咽，端直无戾。”这段文字直接道出了以中为度的五味调和对人的生理需求与精神需求的益处。味以和为美，食味以护生养性为尚，以中为度，充分反映出先哲对本味之本质的理性认识及对取中而和的审美准则。

四、无过、不及为中（《随园食单》）

清人袁枚在《随园食单・火候须知》中说：“儒家以无过、不及为中。”他还在《随园食单・疑似须知》中说：“味要浓厚，不可油腻；味要清鲜，不可淡薄。此疑似之间，差之毫厘，失之千里。浓厚者，取精多而糟粕去之谓也；若图贪肥腻，不如专食猪油矣。清鲜者，真味出而俗尘无也之谓也；若贪图淡薄，则不如饮水矣。”袁氏此语指出了对味之审美价值取舍的标准问题，即以“中”为度，这是审评调和美味的基点所在。五味调和，既求无过，亦避不及，中而不极，和而不同，这就是中国哲学思辨在饮食活动中的具体表现，是中国传统烹调所特有的行为法则和审美准则。

第四节 味外之味

学习目标

1. 理解《吕氏春秋・本味篇》所提出的味的审美标准。
2. 熟悉个体感受对味觉审美的影响。
3. 了解调味对心理味觉的影响。
4. 掌握中国菜肴的各类命名方式。
5. 掌握根据菜肴的造型、用料、色彩、风味、筵宴主题选择器皿的方法。
6. 理解就餐环境对饮食心理的影响。

美食的美，远不限于美食自身，有时，美食还能透视出思辨之美、启迪之美、智慧之美。这种深邃的理性美，恰恰是美食带给食者的感悟。这也是中国传统美学理论中经常提到的"味外之美"。

"味外之味"，又称心理味觉，是味觉审美的最高境界。这在很多情况下并不确指美味本身，而是渗透了主体对饮食审美的情感依恋和理性反思。因而这种"味外之味"，带有相当程度的主观色彩和不确定性，它打破了味觉经验的单一性、清晰性和相对稳定性，从而极大地提高了味觉审美活动的品位，最终出现一种"食有尽而味无穷"的审美佳境。

饮食活动中的理性内容，渗透在中国文化的各个领域、各个方面，与中国人的文化心理结构息息相关。例如，对于味的审美标准，《吕氏春秋・本味》中有这样的总结："久而不弊，熟而不烂，甘而不哝，酸而不酷，咸而不减，辛而不烈，淡而不薄，肥而不腻。"这何止是味的标准，它所追求的适度、中庸、淡泊、和谐，正是中国传统的审美观、道德观乃至人生观的具体体现。

又如，中国饮食方式中讲究"整体"和"有序"。饭桌是圆的，就餐者围桌而坐，这就构成一种封闭状态的"圆"的哲学；而且饭桌上的排列也是井然有序，宾主、长幼、尊卑，都有大体的规定。这些，都已超出了单纯的饮食范围了。饮食活动中所产生的"味外之味"，除了上述群体表现外，还有个体特点。例如，在饮食品味中，可以引发对社会现象的思考，可以激发创作的灵感，可以产生对人生的感悟，也可以加深友情进而调整人际关系等。

一、个体感受的影响

在味觉审美中，心理味觉不存在统一的审美标准。

尽管人的生理味觉总原则是"口之于味，有同嗜也"，但并不排斥不同的口味要求。在"味外之味"的感受中，追寻统一的标准是没有意义的。林洪在《山家清供》里说"食无定味，适口者珍"，意思是每个人对味道的偏好不一样。如果品味者感到食物适口，那么这个食物才具有美食的意义。同样的道理，心理味觉由于诸多个性元素的差异，也会形成见仁见智的个性心理感受。不同的个体有着不同的饮食习惯和口味要求，即使对同一个人来说，他的味觉审美标准和由此引起的个体感受也不可能一成不变。最简单的例子是"食多无味"。相同的食物，对不同情况下的同一个人，也未必产生同样的审美效应。

另一方面，随着社会经济发展和文化观念等方面的变化，无论个人，还是民族、地区，它的味觉审美标准也都处在变动之中。因此从总的情况来看，味觉审美的稳定性存在着变异性，"味外之味"的客观标准只是相对的。造成这种相对性的因素是十分复杂的，主要有以下几种情形。

（一）“味外之味”存在着个体感受上的差异

人的主体特征包括性别、体质、智力、个性结构、成熟阶段、特殊资质和所受的教育。主体不同的性质特征会带来不同的审美反应。在心理味觉审美中，情况基本上也是如此。

在性别的差别上，女性的味觉感受能力一般比男性更强些，尤其是她们更敏感于鲜味和酸味，另外色泽清新、淡雅爽口的菜肴似乎更容易引起她们的味觉快感；在体质的差别上，身体虚弱者在味觉审美中较为挑剔，在饮食的精细程度上要求更高；在年龄的差别上，成年人由于经历和阅历的增多，味觉感受的宽容度更大；在文化程度的差别上，文化水平较高者一般更容易在味觉审美中得到审美愉悦，审美要求和审美层次也相对较高；在性格差别上，性格直爽、外向者一般更偏爱口味强烈、浓郁的美食。在地区差别上，中国素来就有北咸南甜、东酸西辣之分。至于不同的生活经验，不同的禀赋、兴趣爱好等，都会给主体的味觉审美打上不同的印记，产生不同的味觉偏差。

造成心理味觉审美个体差异的主要原因是在审美的过程，总是伴随着主体能动的选择过程，选择的依据就是个人的偏爱和偏见。这就是说，在感觉中，总会有一种影响感觉的东西预先就存在着，并左右着对“味外之味”的审美评价。纯粹客观的心理味觉不仅在审美中不可能存在，而且在人类的认识活动中也不可能存在。

（二）心理味觉的相对性，还表现在相同的个体上

人的心境、环境以及生理状况等不同，会强化或钝化一个人的心理味觉审美能力，影响心理味觉的审美效果。味觉美感的产生，是人的生理感觉和心理活动协同配合、相辅相成的结果，缺少了任何一个环节，都会给味觉审美带来消极的影响。同样的美食，如果主体的性质和环境的性质起了变化，就有可能失去美味的品质。孔子说：“闻韶乐，三月不知肉味。”为什么会“三月不知肉味”呢？作为对象的性质当然没有变，肉还是肉，应该有肉味；但主体的心理状态非同寻常，是处在“闻韶乐”的特定条件下，音乐使主体到了迷醉的程度，感觉力都给听觉独占了，味觉就相应地减弱了，从而“食不甘味”。饿了什么都好吃，饱了什么也不珍贵。这简单的常识，其实蕴含着“味外之味”的至理。

（三）“味外之味”的审美相对性还体现在变动性上

任何习惯都有它的稳定性和变动性。饮食习惯总是要改变的，社会的饮食风尚、走向也总是随着经济、文化的变化而变化。从宏观上看，人类饮食习惯的变化大体上按照以下趋向进行：从崇尚浓厚到喜爱清淡，从偏爱肉食到转向蔬菜，从繁复到简单到注重方便，从注重美味到讲究营养。饮食习惯的改变，使心理味觉审美永远不会停留在一个凝固不变的标准上，而始终带有开放和变动的特点。

需要说明的是，心理味觉审美的相对性，并不意味着它的随意性和无序性。我们从中可以发现一定的规律。一方面，作为烹饪的执行者要尊重个性化，满足不同的味觉审美需求，拓宽美食的空间，以多样化的美食来供不同的审美主体选择。另一方面，这种选择还体现在美食与欣赏的双向选择上。对审美主体来说美食是对象，但从改变和引导品味者的饮食习惯、提高品味者的审美能力来看，美食又成了能动的主体，它可以给品味者施加一定的影响。品味者既是主动的选择者，又是被动的接受者。心理味觉审美观的确立，在一定程度上受制于美食的对象世界。

二、调味对心理味觉的影响

调味在季节性、调味品比例、风俗习惯上会对人的心理味觉产生影响。

（一）调味季节性对心理味觉的影响

冬天，在中国偏北的地区，人们为了御寒，喜食偏咸或重油的菜肴，以增加热量。夏天，大家喜食清淡爽口的菜肴，对油腻过重的菜肴兴趣不大。季节变化，调味也要跟着变，这样才能符合人们的心

理味觉。

（二）调味品比例对心理味觉的影响

中国菜肴之所以呈现出一菜一味、百菜百格的特点，主要是调味品的投放比例变化起了重要作用。如制作“红烧鱼”一菜，主料为鱼，主要调料有酱油、精盐、白糖、醋等，各种调味品的比例要适量，菜肴成品特点是色泽红亮、口感嫩、味鲜咸。在此菜中，主要调味品酱油（用以调色）、精盐（用以调味）的比例应略加大一些。倘若将白糖与醋的分量加大，就变成“糖醋鱼”了。所以，调味品的比例、用量不同，就可以改变菜品性质，同样对人的心理味觉产生影响。

（三）风俗习惯对心理味觉的影响

风俗习惯千差万别，是中华民族文化丰富多彩的一个重要原因。在人的一生中，诞生、婚嫁、祝寿、送殡等，食俗大有差别；各地、各民族在送往迎来、祝捷庆功、省亲访友等方面的食风食俗也不相同。这些风俗习惯决定了人们的心理味觉。如湘菜、川菜的辣味型菜肴，受当地人青睐，但很多其他地区的人一见辣味菜就心理紧张。又如清淡的南方菜，北方人吃着觉得淡而无味，而北方菜的偏咸和重油，也让南方人吃不习惯。这些都是各地饮食风俗对人们心理味觉产生影响的具体反映。

三、名称的影响

中国烹饪艺术不仅有着悠久的历史，而且在长期的发展演变过程中，成为一个涉及面非常广的系统工程。在满足生存和健康的同时，中国烹饪也注重味觉与其他艺术形态之间相互作用而形成的审美趣味，特别是在文学性上。这点同西方烹饪形成较为明显的差别。

美食配美名，是中国烹饪特有的。菜肴的命名，粗看有很大的随意性，其实并不尽然，它反映出命名者自身的文化艺术修养、社会知识和历史知识。其综合素质之高低、直接影响菜点命名的美和俗。中国菜肴的命名十分讲究，菜肴名称追求典雅、简洁，富有文化品味和情趣。一个好的菜名能诱发品尝者的心理味觉，增强食者的食欲。如以料命名的“荷叶包鸡”，以味命名的“糖醋排骨”“如意八宝菜”，以发人遐想命名的“佛跳墙”等。因此，不少吃客翻开菜单点菜时，往往会被菜名所吸引，如果品尝以后是名符其实的，就必定会成为“回头客”。“佛跳墙”原来的菜名叫“福寿全”，后来在一次文人聚会上，有人认为如此美味可口的美食以“福寿全”不能尽显其美，于是即兴赋诗：“坛启荤香飘四邻，佛闻弃禅跳墙来。”遂由在座者公议，将此菜更名为“佛跳墙”，“佛跳墙”因此盛传百年不衰。

菜肴名称可分为两大类，即实名类和艺名类。

（一）实名类

实名类的菜肴，人们可从菜名就看出菜肴的特色或全貌，有的菜名体现出菜的主要原料或全部原料，有的菜名体现出菜肴的烹调工艺、烹制方法，有的菜名体现出菜肴的历史典故或文化内涵，有的菜名体现出菜肴的色、香、味、形。

一是体现出菜的主要原料或全部原料的菜名。如雪梨鱼片、芝麻肉丝、腊肉河蚌、西米草莓等。

二是体现出菜的颜色的菜名，如红烧鱼块、黄焖鸡翅、碧绿银针、金黄豆腐、银丝糖葫芦等，这些菜名直接可以体现出菜的色。又如明月兰片、水晶鸡块、玛瑙鸭片、珍珠鲈鱼、芙蓉虾仁等。因为这些菜的色泽晶莹透亮，所以用菜肴中主料相近的物来喻色。

三是体现出菜的香型的菜名，如鱼香肉丝、五香仔鸽、桂花肉片等。

四是体现出菜的味型的菜名，如糖醋菜薹、奶油虾球、酸菜鳝鱼、蒜辣肚丝、橙汁泥鳅、芦蒿炒臭干、怪味桃仁等。

五是体现出菜的形状的菜名。菜的“形”体现了中国烹饪精湛的刀工，菜的形状千姿百态，如菊

花形、网眼形、凤尾形等，将菜肴的成形达到观之者动容，味之者动情的艺术境地。其大致可分以下三小类。

①以菜名直接标明菜的种类，直接显示菜的形状。如咸菜炒慈姑片、富贵鸡条、宫保腰块、腐皮肉卷、银芽鸡丝、烹明虾段、芝麻玉球、鱼香鸡串、翡翠豆泥、木樨汤、叉烤酥方、八宝鲍鱼盒、核桃酪、文思豆腐羹、杏仁汁腐等。

②以人们比较熟悉的其他物体的形状来体现菜肴主料的形状。如樱桃肉、松鼠鳜鱼、梅花里脊、兰花蛋等。

③以表示状态的动词或形容词来体现菜的形状。如三丝鸽松、九转大肠等，“松”和“九转”体现菜形呈现出细末和迂回曲折之状。

六是体现出菜的烹调工艺、烹制方法的菜名。有些菜名可以体现出菜的制作过程，如回锅肉、拔丝苹果、过油肉等。

七是体现出菜的口感及主观印象的菜名。如香酥芝麻鸭、炸脆鳝、滑炒河虾仁、炒软兜、大观一品、通天鱼翅等，这些菜名中的酥、脆、焦、滑、软、硬成分以口感或其他直觉来吸引人们，激起人们强烈的食欲，尽管“一品”“通天”等字眼往往带有夸大的意味，但消费者往往以品尝此菜为自豪。

八是体现出菜的烹器、食具的菜名。如铁板牛柳、明炉羊肉、三鲜砂锅、菊花锅、汽锅鸡等。

（二）艺名类

艺术加工后的菜名，是经过美化的名称，它们是从纯文化的角度命名的。大多以菜“形”之特点为出发点，运用比喻、象征、夸张、谐音等修辞手法，给人们一幅幅图画，或体现历史典故，或表现自然现象，或展现民族精神，将菜肴与丰富的历史文化联系起来，给人们以全新的艺术感受。

一是体现出菜的发源地和首创人的菜名。如凤阳瓤豆腐、东坡肉、麻婆豆腐、罗汉大虾、山东丸子、南京桂花鸭等，用地名、人名作为菜名的一部分。

二是利用菜的主配料的谐音或形状派生出的菜名。中国文字内涵丰富，很多字有众多谐音。菜名经历代文人雅士的艺术加工，有的引用古典诗文，有的点缀诗情画意，形成了浓郁的文化气息。它们以突出艺术性、追求典雅作为基本原则。

有根据谐音命名的菜名。如：“霸王别姬”取自同名京剧——实质内容是鸡鳖汤，“鳖”谐音“别”，“鸡”谐音“姬”；游园惊梦取自昆曲《牡丹亭》的两个折子——实质内容是鱼圆汤菜，“圆”谐音“园”，汤寓意“游”；踏雪寻梅——实质内容是西芹炒蛋清茸，“芹”谐音方言中的“寻”，雪白的蛋白茸寓意“雪”；广东菜“发财好市”，这道菜的原料“发菜”谐音“发财”，“蚝豉”的当地发音跟“好市（食）”同。

有根据主辅料食用功能命名的菜名。如天麻智慧——实质内容是药膳天麻猪脑焐花菜，民间养生理论为“吃啥补啥”，以猪脑补人的智力，同时避开猪脑的俗称，以免引起食用者的忌讳，故称“智慧”。

有根据原料造型艺术命名的菜名。如“孔雀开屏”以形似强调了造型艺术的美，“蟹粉狮子头”以特制肉球借喻狮子形态，“老蚌怀珠”用晶莹透亮、营养丰富的鸽蛋来比喻巨型珍珠。

在高档宴席中人们愈来愈讲求菜名的艺术性、文学性。如用于喜庆寿宴的孔府高摆宴席。宴席上有四个“高摆”，是用江米面做成的圆柱体，像四支粗大的蜡烛，外面用各种干果镶成图案和字形，写有“寿比南山”等吉言。孔府菜中有不少掌故：“孔府一品锅”，因衍圣公为当朝一品官而得名；“带子上朝”“怀抱鲤”，寓言辈辈为官、代代上朝。这些菜造型完整，不能伤皮折骨，所以在掌握火候、调味、成形等方面，难度很大。“神仙鸭子”是大件菜，为保持原味，将鸭子装进砂锅后，上面糊一张纸，隔水蒸制。为了精确地掌握时间，在蒸制时烧香，共三炷香的时间即成，故名“神仙”。孔府菜的其他代表品种还有：八仙过海闹罗汉（八种高档海味原料合制）、御笔猴头（猴头菇制）、诗礼银杏（蜜汁白果）、一卵孵双凤、玉带虾仁、烧秦皇鱼骨、烧安南子（用鸡心和鸭心炸蒸而成，因其形似中药材胖大

海，胖大海又称安南子而得名）、竹影海参、百子葫芦等。

根据菜名的各种类型，不难看出命名方法的规律，主要围绕原料的主辅料、烹饪工艺方法、菜品成菜前后的形状、菜肴的谐音及寓意引发的名人典故等来进行组合叠加。一般来说，菜名宜简洁，除借用诗句外不会超出七个字。

❶ 单种原料名称或原料名称叠加而构名的菜

（1）单种原料命名的，如东坡肘子、文昌鸡等。

（2）复合原料命名的，如酸菜鱼、核桃菠菜、锅巴肉片、豆瓣鲫鱼、网油鸡卷、奶汁鱼肚等。

（3）调料加主辅料命名的，如麻酱腰丝、姜汁春笋、孜然牛肉、麻辣豆腐、盐焗鸡翅等。

（4）形态原料命名的，如四喜丸子、酥牛肉、酸辣汤、香酥鸭、香酥斑鸠等。

❷ 用烹调方法加原料名称而构名的菜

（1）单一烹饪技法加单个原料命名的，如炒白菜、扒肘子、熘黄菜、炸板鸡、扒熊掌、炖鱼骨、烧冻豆腐、炒全蟹等。

（2）单一烹饪技法加多种原料命名的，如炒玉米虾仁、炒三鲜、爆三样、烧二冬等。

（3）复合烹调方法加原料命名的，如煎熬鲴鱼、拆烩鲢鱼头、炸烹牛肉、烧熬呼啦圈（大肠）、炸熘肉圆等。

（4）花式烹调方法加原料命名的，如粉蒸牛蛙、油爆乌花、碧绿烹银针、香炸豆腐卷、滑炒凤虾、九转豆腐等。

❸ 用原料名称加烹调方法再加原料名称而构名的菜　塘鳢鱼炖蛋、香干炒芹菜、香芋烧鸭、银鱼炒蛋等。

❹ 用炊具加原料名称或原料名称加炊具而构名的菜　铁板鳝鱼片、锅贴里脊、瓦罐蹄爪、肚肺煲、牛肉砂锅等。

❺ 用口味加原料名称而构名的菜　鱼香脆皮鸡条、茄汁焗肉排、麻酱腐竹、香糟嫩鸡、酸辣蹄筋等。

四、器皿的影响

精致的菜点要由精美的餐具来烘托。袁枚在《随园食单·须知单·器具须知》中说："宜碗者碗，宜盘者盘，宜大者大，宜小者小。参错其间，方觉生色……大抵物贵者器宜大，物贱者器宜小；煎炒宜盘，汤羹宜碗；煎炒宜铁锅，煨煮宜砂罐。"盛放菜点的器皿之美，不仅表现在器物本身的质、形、饰等方面，也表现在它的组合方式上，在菜点与器皿的配合方式上，应以表达菜点或筵席主题为核心，以和谐、意韵为美。

（一）根据菜肴的造型选择器皿

中国菜肴的造型千姿百态，为了突出菜肴的造型美，必须选择适当的器皿与之搭配。在一般情况下，大器皿象征气势与容量，小器皿体现精致与灵巧。在选择盛器的大小时，尤其是在展台和大型高级宴会上使用时，应与想要表达的内涵相结合。如以山水风景造型的花色冷盘"瘦西湖风景"，必须选用大型器具，只有用足够的空间，才能将扬州的瘦西湖、五亭桥、白塔等风光充分展现出来。

（二）根据菜肴的用料选择器皿

不同形状、不同类别和不同档次的原料有不同的装盘方法，必须选择不同的盛器。如鱼类菜肴，尤其是整鱼，应当选择与鱼大小相匹配的鱼盘。盘小鱼大，观之不雅；鱼小盘大，观之不配。白果炖鸡一菜，因用整鸡，且汤汁很多，应当选择汤钵或瓦罐盛装，可给人以返璞归真之感。一般而言，名贵菜品应配以名贵器皿盛装，如燕鲍翅参等原料烹制的菜肴就不可配以低档质差的器具，否则原料的特色就不能完美地得以体现。而普通原料烹制的菜肴，如盛入高档器具中，也会显得不伦不类。

（三）根据菜肴的色彩选择器皿

菜肴的色彩是选择器具的依据之一。为菜肴选择色彩和谐的器具，自然会给菜肴增色不少。一道绿色的蔬菜盛放在白色的盛器中，给人一种碧绿鲜嫩的感觉，如盛放在绿色的盛器中，就会逊色不少。一道金黄色的软炸鱼排，如放在黑色盛器中，色彩对比强烈，更能烘托鱼排的色香，令人食欲大增。

（四）根据菜肴的风味选择器皿

不同材质的器具有不同的象征意义，金银器具象征荣华与富贵，象牙瓷器象征高雅与华丽，紫砂漆器象征古典与传统，玻璃水晶象征浪漫与温馨，铁器粗陶象征粗犷与豪放，竹木石器象征乡情与质朴，纸质塑料象征廉价与方便。因此，可以根据菜肴的风味特征来选择与之搭配的不同材质的器具。如以药膳等为主的筵宴，可选用江苏宜兴的紫砂陶器，因为紫砂陶器是中国特有的，能将药膳地域文化的背景烘托出来；如经营烧烤风味的，可选用铸铁与石头为主的盛器；如经营傣家风味的可选用以竹木为主的盛器等。

（五）根据筵宴的主题选择器皿

盛器造型的一个主要功能是要点明筵宴与菜点的主题，以引起食用者的联想，进而增进食用者的食欲，以达到烘托、渲染气氛的目的。因此，在选择盛器造型时，应根据菜点和筵宴主题的要求来决定。如将糟熘鱼片盛放在造型为鱼的象形盘里，虽然鱼自身的形状看不见了，但鱼形盛器却对此菜的主料给予了暗示。又如，将蟹粉豆腐放在蟹形盛器中，将虾胶制成的菜肴盛放在虾形盛器中，将蔬菜盛入大白菜形盛器中，将水果甜羹盛放在苹果盅里等，都是利用盛器的造型来点明菜点主题的典型例子，从而引发食用者的联想，提高食用者的品尝兴致，渲染主题气氛。

五、环境的影响

人的一切心理现象，从简单的感觉、知觉到复杂的想象、思维、动机、兴趣、情感、意志、性格等，都是人脑对客观事物的反映，这种反映正是通过人的感官来实现的。比如，气味对应着嗅觉，色彩对应着视觉。人们只有在美境中品尝美味，才能得到更好的享受。良辰吉日，触景生情，可增进进食情趣；花前月下，水榭雅座，可得自然之趣；知己对饮，吟诗赏月，可得尽兴之趣。此外，服务员的礼貌服务、就餐环境的清洁卫生，也能提升饮食的情趣。

（一）就餐环境

就餐环境主要包括餐饮店坐落的位置、餐厅的装饰、房间的设施等因素。餐厅的装饰必须与自身特点、经营风格、营销对象相适应，美食要置身于符合其个性特点的环境中，才能相得益彰。庭院农舍，啖食野味山珍；酒店宾馆，品尝生猛海鲜，此谓各得其所。如果把星级宾馆的餐厅装饰成荒村野店的风格，将井台、蓑衣、玉米秆等充斥其间，不但不会令人赏心悦目，反而还会令就餐者产生错位之感；而农家特色餐饮店，雕梁画栋，贴金抹银，同样会令人不适，感觉是在东施效颦。

（二）就餐心境

对于就餐者而言，带着轻松愉快的心情就餐，就会惠风和畅，陶情适性；而带着不良情绪进餐，不仅抑制胃液的分泌，还会造成心理上的压抑，不利于身心健康。所谓“借酒消愁愁更愁”，说的就是这个道理。因此，引导和调解就餐者的心理就显得非常重要。餐厅经营者应通过适当手段调动就餐者的听觉、视觉、触觉等，激发就餐者的食欲。

（三）就餐情境

就餐情境，就是指就餐者相互之间、就餐者与服务员之间共同构成的暂时性人际关系和人情关系。品尝美味佳肴，如果没有一个和谐融洽的情境，自然就不会收到好的效果。除就餐者之间的人际关系之外，就餐者与酒店服务人员的交流也同样重要，酒店服务人员的仪表、谈吐、态度、服务技能等都会在一定程度上影响就餐者的饮食心理。

第五节　中国烹饪的象征意义

学习目标

1. 熟悉礼仪制度中的饮食象征。
2. 熟悉宗教活动中的饮食象征。
3. 熟悉民间食俗中的饮食象征。
4. 了解中国饮食象征文化中有哪些独具民族个性的基本特征。

象征最为普遍的表现形式是隐喻，此外还有寓言、神话、符号、写意、对比等。中国象征文化的源头可以追溯到上古时期，从原始艺术、原始宗教等遗存中都能找到。中国人早期的饮食活动中，象征文化内容就已十分丰富，从人们的饮食生活中，我们可以发现不同主题内容的象征文化表现形态，饮食器具、饮食原料、饮食制作、饮食行为等都可以成为象征文化的载体。

一、礼仪制度中的饮食象征

中国古代饮食礼仪制度的生成，至少可追溯到西周。饮食礼仪制度于周初在政治、伦理、礼乐精神诸方面都已具备了特殊的文化象征意义，并影响着其后数千年中国人的饮食活动。

（一）敬德与贵民的象征

中国早期文化中的“德”，具体内容大都体现于政治领域。在君主制下，政治道德当然首先是君主个人的道德品行与规范。周初，人们对前代君主在饮食活动中的种种不德表现有着深刻理解和认识。周人把殷商亡国原因直接归结于殷人嗜酒的不德之风，认识到君主个人德行对维持政治稳定的重要意义。因此，必须使君主制下的规范约束诉诸道德的力量，这是周人以“敬德贵民”为旗帜，在人们日常生活特别是饮食行为方面移风易俗的真正目的。为此，周人提出“德”的概念，“皇天无亲，惟德是辅”，这是周人端正饮食礼俗的理论依据，也是后世评判人君饮食行为是否符合礼制的重要原则。

在敬德方面，周人对前代遗留的嗜酒之风首先加以控制。周公遣康叔在卫国宣布禁酒令——《酒诰》，制定禁止官员聚饮的条例，规定酒器的大小。如觚，是当时指定酒器之一，觚、孤同音，有寡少之义，也有诫人少饮之意。饮酒之风渐起，至春秋，觚的实际容量已超规格，故孔子感慨道：“觚不觚，觚哉，觚哉！”尽管如此，因礼数制约，饮酒活动的敬德精神在古人身上并未尽弃，人们通过各种具有象征意义的礼仪礼节自觉控制，以昭酒德。

如果说饮食礼制加大了对酒的控制，重在象征敬德，那么食礼所倡导的俭食非奢则立足于贵民。殷人贪食尚奢的实例很多，后人时常引以为戒。《左传·文公十八年》中有这样的记载：“缙云氏有不才子，贪于饮食，冒于货贿，侵欲崇侈，不可盈厌，聚敛积实，不知纪极，不分孤寡，不恤穷匮，天下之民以比三凶，谓之饕餮。”饕餮之名由来已久，周人将其形象铸于鼎上，告诫进食者对饮食要有节勿纵。

（二）孝亲与尊老的象征

在古人饮食礼制中，“恭”“让”的具体德行，显示亲睦、协和的价值取向，起着重要的象征隐喻作用。

中国古代最早也最突出的伦理规范就是“孝亲”。统治者十分看重孝亲，一个重要原因就是可由孝亲推及为忠君。所谓“君子之事亲孝，故忠可移于君；事兄悌，故顺可移于长；君家理，故治可移于

官”，这种伦理——政治系统的结构特征，形成了中国社会独有的“家国同构”格局。而日常饮食行为是体现孝亲的最佳象征形式，孝亲行为也就成为饮食礼制的重要内容之一。《礼记》对日常饮食的孝亲仪节多有涉猎，如“父母在，朝夕恒食，子妇佐馂；父没母存，冢子御食，群子妇佐馂如初”，意思是：如果父母健在，他们每天的早饭和晚饭，要由儿子和儿媳们帮助，并吃他们剩下的饭。如果是父亲去世而母亲健在，每天的早饭和晚饭，就由长子在旁照料，而母亲吃剩下的，由弟弟和弟媳来吃。另外孝亲所进之食，首先要想到老人的饮食习惯，尽量使食物鲜、美、润滑、酥烂、适口、易嚼、易咽、易于消化。在进食过程中，也形成了一整套进食礼仪制度。《礼记》还记录了周文王当世子的时候是如何侍奉父亲的：“朝夕之食上，世子必在，视寒暖之节。食下，问所膳羞。必知所进，以命膳宰，然后退。”意思是：早晚饭菜端上来时，世子一定会察看饭菜的凉热是否合适；饭菜撤下来时，世子要问父亲吃得怎样。一定要知道父亲下顿饭菜该进什么，该向掌厨官员交代什么，然后才能离开。

在宗法制度下，孝亲与尊老养老之间有着内在联系，因此，人们将孝亲推及尊老养老。和孝亲一样，尊老养老在日常饮食活动中也形成了一系列的礼仪制度。周“八珍”具有嫩烂滑软、易嚼易咽的特点，是专用以事亲奉老的美馔。饮食礼制还规定了许多尊老的仪节，如“侍食于长者，主人亲馈，则拜而食；主人不亲馈，则不拜而食”，意思是陪着长者吃饭，如果主人亲自布菜，要拜谢之后再吃；如果主人不亲自布菜，就不必拜谢，可以径自动手取食。“侍饮于长者，酒进则起，拜受于尊所。长者辞，少者反席而饮。长者举未釂，少者不敢饮。长者赐，少者、贱者不敢辞”，意思是：陪伴长者饮酒，看见长者将给自己斟酒就要赶快起立，走到放酒樽的地方拜受。长者说不要如此客气，然后少者才回到自己的席位准备喝酒。长者尚未举杯饮尽，少者不敢饮。长者有所赐，作为晚辈、僮仆就不得辞让不受。“六十者坐，五十者立侍，以听政役，所以明尊长也。六十者三豆，七十者四豆，八十者五豆，九十者六豆，所以明养老也。民知尊长养老，而后乃能入孝弟。民入孝弟，出尊长养老，而后成教，成教而后国可安也”，意思是：六十岁以上的人坐着，五十岁的人站着侍候，听候使唤，这表示对年长者的尊敬。六十岁的人上三个菜，七十岁的人四个菜，八十岁的人五个菜，九十岁的人六个菜，这表示对老人的奉养。百姓懂得尊敬年长者，懂得奉养老人，然后才能在家里孝顺父母、敬事兄长。在家里能够孝顺父母、敬事兄长，到社会上才能尊敬年长的人和奉养老人，然后才能形成教化。形成了教化，然后国家才能安定。

古代君子教导人们做到孝顺父母、敬事兄长的办法，并不是挨家挨户地每天不断地去耳提面命，而是只要在举行乡射礼时把人们召集起来，把乡饮酒礼演示给他们看，就可以培养他们养成孝顺父母、敬事兄长的风气。孔子曾对此感慨道：“吾观于乡，而知王道之易易也”。在孔子看来，事亲尊老，合乎仪节，实现王道就很容易。无怪乎后世统治者对此问题相当重视。饮食活动的孝亲尊老制度构成了睦族合邦的象征语言。春秋以降，这种通过合欢聚众的象征意义已变得不简单了，除强化宗法制度以外，政治目的越来越明显，即稳定民心，强化社会秩序，形成一个长幼有序、孝亲尊老、层层隶属、等级森严的社会体系。

（三）晏饮与礼乐的象征

在古代，“乐”本是“礼”的组成部分，分而言之，有礼有乐，合而言之，礼中有乐。《周礼》载大司徒用十二种方式教育人民时就有“以乐礼教和，则民不乖”（用乐教民和睦，人民就不会乖戾）之说，这里的“和”是说音乐能求得人与人之间的妥协中和，使社会各阶级亲睦和爱，使在宗法制度下用“礼”所明示的尊卑亲疏贵贱长幼男女之序的差异和对立，通过“乐”的象征语言调和起来。这种制约疏导作用，在饮食礼仪制度中展示得最充分完美，宴饮因之增添了一种文质彬彬的礼乐象征的特色。

周人所谓的“乐”，往往指音乐、舞蹈、诗歌结合的艺术形式。而《诗经》三百零五篇，既是诗，又是歌词，大多为周、鲁太师及乐工记录保存，孔子则进行了整理。“三百零五篇，孔子皆弦歌之，以求合韶、武、雅、颂之音”（《史记·孔子世家》），后人在饮食中常举乐而歌，一方面是“侑食”之需，另一方面旨在象征“为政之美”。

在日常饮食活动中，尊天事祖的象征行为也时有体现。古人进餐前有个重要礼节，就是向先祖敬祭食之礼，“主人延客祭，祭食，祭所先进，肴之序，遍祭之”，意思是进食之前，等馔品摆好之后，主人引导客人行祭。食祭于案，酒祭于地，先上什么就先用什么行祭，直到依次行祭完所有食物。食前祭祖仪节颇似西方人的餐前祷告，但有质的不同，西方人的餐前祷告是把祈求或报答寄语于上帝，几乎没有人间烟火的味道；而中国人的餐前祭食是报祖念本，它与治世之道和好礼从善密不可分，其内容是现实的，其心态是朴实的。饮食礼仪的象征语言又无不蕴含着先民的礼乐精神，作为礼仪制度的一个重要内容——明确尊卑贵贱长幼之序，又无不通过宴饮过程中的祭食仪节这种象征形式得以充分体现。食礼中的祭祀仪节除了隐喻人神沟通之目的，还能使人具有内在的道德风范和好礼从善的欲求，进而构成一个上自天子下至庶人层层隶属的象征。

二、宗教活动中的饮食象征

《礼记》中的“祭，有祈焉，有报焉，有由辟焉”，把宗教祭祀的目的概括为祈福、报恩和消灾，基本上反映了古人对宗教祭祀所赋予的象征意义，是人的生存需要与神灵观念相结合的产物。在中国历代典籍中，传统宗教祭祀都是归在礼制的范围内，即“五礼”之首的吉礼，表明它在人们的心目中占据着重要的地位。宗教祭祀对于统治者是不可或缺的，如《左传》所言“国之大事，在祀与戎”。宗教祭祀对人们的日常饮食活动产生了重要影响，中国人类远古时期的饮食活动表现得最为突出的就是宗教象征，主要有以下几种表现形态。

（一）祭品种类及毛色的象征

在中国传统的宗教祭祀中，充当沟通人与超自然联系的重要媒介是以食物为主的祭品。神灵欲食，“口甘五味”。稽考中国古代文献，祭品有“牺牲”、玉帛、芳草、酒鬯（祭祀用的酒，用郁金草酿黑黍而成）、粢盛（五谷）、笾豆盛品（祭祀及宴会常用的两种礼器，竹制为笾，木制为豆）等。祭品作为一种献给神灵的礼物，是宗教信仰者向神灵传递信息、表达思想感情和心理意愿的载体，祭品的种类、颜色、质量、大小和生熟状态往往是意喻神灵角色的一种符号形态。以不同种类的祭品奉献不同角色的神灵是古人选择祭品的一个重要标准，凡常规的天神地祇宗庙诸礼，则用牛、羊、豕而不用犬鸡；凡非常之祭，如禳除灾殃、避祛邪恶，则多用犬；凡建造新成行衅礼，则多用羊、犬和鸡；大丧遣奠，则用马；祭日以牛，祭月以羊和猪；祭祖多用猪。在中国传统宗教祭祀活动中，人们对祭牲所呈现的毛色尤为重视，牲畜的毛色纯一与混杂，既是人们衡量祭牲好坏的价值尺度，也是意喻神灵角色的一种符号形态。《礼记·檀弓上》云：“夏后氏尚黑，牲用玄；殷人尚白，牲用白；周人尚赤，牲用骍。”夏人是否用黑牛不得而知；商人用纯白色牛祭祀，得到了大量殷墟甲骨卜辞的证实；而后尚白的商人为尚赤的周人所取代，后者偏好骍红色。

（二）不同肉质的象征

《诗经·小雅·楚茨》云：“神嗜饮食，使君寿考。”在古人看来，神灵与人一样都喜爱质佳味美的肉食，故用于祭神的牲畜必须完好无损，膘肥体壮，只有尽情地满足神灵的食欲，取信于神灵，自己才能长寿不老。《周礼》云：“充人掌系祭祀之牲牷。祀五帝，则系于牢，刍之三月。享先王，亦如之。”意思是充人掌管系养祭祀所用的完好而纯色的牲。祭祀五帝，就拴系在栏圈中，喂养三个月。祭祀先王也这样做。这是因为牧养的牲畜没有膘，而祭牲却讲究“牲牷肥腯”（膘肥肉厚的纯色全牲），以示诚心敬意。古人认为，天地最尊，祖先次之，生人最卑，所以他们把肉质最好的幼牲用于祭天地，自己选食肉质最老、口感最差的老畜。

（三）肉食生熟程度的象征

在中国传统宗教祭祀活动中，祭品的生熟程度往往被先民用来意喻神灵角色的大小。先民通常以牲血祭天，以生肉祭祖，以半熟之肉祭山川草泽，祭祀对象越是尊贵，用牲越是不熟，故《礼记·礼器》有“郊血，大飨腥，三献爓，一献孰”之说，意思是：最高规格的祭天用的是牲血，次一等的用生肉，

再次用半生不熟的肉，反而是最简易和最低规格的祭祀才用熟肉。现在台湾民间宗教祭祀活动中，人们用“生”的祭品来表示关系的疏远，用“熟”的祭品来表示熟稔和亲近。具体表现在拜“天公”或孔子时的全猪、全羊皆未经烹制，都是生供，含有对祭祀对象一种遥远关系的象征意义。而祭祀妈祖、关帝等一般神明时，所用祭牲在进贡前需稍加烹煮，但不能全熟。这些都是对“天”以下的各种神祇的敬意，同时也因祭品牺牲的稍加烹饪而表示与其关系较为密切。祭祖的祭品则不但要煮熟，有时还要调味，以示祖宗与其他神灵有异，属于“自家人”范畴，故以家常之礼待之。

（四）祭品数量的象征

周初的礼制中等级制度非常严格，人们的社会地位不同，社会活动及生活方式也就有了森严的等级差别。祭祀活动也不例外。祭品不仅代表着神明的角色，也象征着祭祀者不同的等级角色。贵族举行祭祀时，鼎簋壶豆的数量要按等级制度遵循，如果超过标准，便是“僭越”“非礼”。汉代学者何休注解《公羊传・桓公二年》称：“礼祭，天子九鼎，诸侯七，卿大夫五，元士三也。”而礼的等级通常又是以用牲的量作为标志的，如祭祀社稷，周天子用牛、羊、豕（猪）三牲，谓之“太牢”；诸侯用羊、豕各一，谓之“少牢”；大夫及士用豕牲，谓之“特牲”。楚国祭典规定，国君用牛祭，大夫以羊祭，士以猪、狗祭，平民百姓以腊鱼祭，唯果品、肉酱之类可上下通用。

三、民间食俗中的饮食象征

中国食俗，是中国人民世代传承的饮食生活习惯与传统的积淀，其中蕴藏着丰富的文化养料和发人深省的生活智慧，特别是它所蕴涵的象征喻义，具有朴实与生动的本色，充满了野性与活力，并常常成为饮食文明进步的源头活水。

（一）年节食俗中的象征

年节食俗，是中国饮食文化的重要组成部分，它的形成，是一种农业发展历史过程的积淀。人们在农业生产劳动中赋予了节日食俗以丰富多彩的象征语言。在年节食俗中，春节的食俗无疑是一部“重头戏”，除夕的年夜饭不仅是美味佳肴的大荟萃，其中还隐喻着吉祥安康之意，是合家团圆幸福的象征。在北方，有条件的人家要做十二道菜，象征一年十二个月。无论南北东西，年夜饭中的鱼是不可少的，它象征着吉庆有余。旧时的贫困人家，如无鲜鱼，则用咸鱼或干鱼。如连咸鱼、干鱼都没有，则以木头刻成鱼形替代。吃年夜饭的意义在于合家团聚，因此，远在天涯的游子都要赶回家中过年，吃上这顿意味深长的年夜饭，如果实在赶不回来，家人要为远在他乡的亲人摆上一只酒杯，一双筷子，以此象征全家团圆之意。在中国民间，年夜饭是具有神圣意味的晚餐，它反映人们对美好生活的追求，并集中体现出中国食俗的祈福象征。如浙江绍兴一带吃年夜饭时，无论人多人少，碗筷和座位必凑成十，寓意“十全福寿”，而许多菜肴也被赋予特殊意义而具有象征性，如藕块、荸荠、红枣加糖煮成的食物谓之“藕脯”，谐音“有富”，咸煮花生谓之“长生果”，咸菜烧豆瓣、千张等谓之“八宝菜”，有头有尾的一碗鱼谓之“元宝鱼”，鲞冻肉上放一个不吃的鲞头，谓之“有想头”。在山东胶东一带，年夜饭必食栗子鸡，栗谐音利，鸡谐音吉，故以此菜象征大吉大利，还有吃菜饽饽，菜谐音财，饽谐音勃，吃菜饽饽象征着发财。东北地区的人们过年喜吃饺子，饺子这种食品本身就是“更岁交子”的象征，有的在饺子里放糖，以象征来年生活甜美，有的放些花生，以象征健康长寿，有的放一枚硬币，以象征食之者财运亨通。在江西的广昌一带，人们过年的早上要吃汤圆和年糕，以象征“团团圆圆”“年年登高”。鄱阳湖渔区的管驿前村，春节家宴中离不开用鲜活鲶鱼烹制的菜肴，除夕年夜饭之前吃“鲶鱼打糊”（即鲶鱼糊羹），正月初一早点为鲶鱼煮米粉，因为鲶鱼在当地人的心目中就是“年年有余”的象征。

粽子作为端午节的传统食品，历史悠久。民间俗信，端午节吃粽子的风俗起源于纪念屈原。此说是否符合史实，姑且不论，作为一种食俗，它已被民间普遍认同，各地民间对端午节已有了自己的理解，从而产生了不同的饮食象征文化。端午这天，在温州地区，对丈人家、外婆家、干爷、塾师，都需要送粽子和鱼肉等物，叫作“送节”，也叫“望节”，是拜望的意思。在江西一些地方，端午节有吃“五

子”的习俗，“五子”者，粽子、包子、鸡子（鸡蛋）、油子（油炸食品）和蒜子，以喻“五子登科”。山东民间认为，端午节这天吃蛋有治腰痛之疗效。而海阳县旧俗，年轻人端午节必携鸡蛋登山，在山顶上吃鸡蛋。总之，各地端午节食俗不尽相同，或为了纪念前贤，或为了祛病强身。人们在吃粽子、鸡蛋、大蒜或饮雄黄酒时，不仅表达了对前贤的崇敬之情，同时也赋予这些食品以禳灾祈福的美好愿望。

中秋节吃月饼，此俗已有千余年。北宋文人苏东坡即有“小饼如嚼月，中有酥与饴”之诗；南宋《武林旧事·蒸作从食》有关于月饼制作方法的记载。人们在这一天吃月饼，更多的是取团圆之意。《熙朝乐事》载：“八月十五谓之中秋，民间以月饼相馈，取团圆之义。”中秋节食品，除月饼外，各地民间还有一些特色鲜明的节令食品，仅以浙江为例，湖州一带的人们吃莲子、鲜藕以及柿子，象征游子与家人间藕断丝连的亲情和子子孙孙生生不息的宗亲企盼；杭州民间则吃石榴、瓜果，取其种瓜得瓜、多子多福之意。

从食俗角度来看中国民间的“年节”，除了春节、端午节和中秋节之外，还有一些节日的时令食品也颇有象征意义。如二月二，据《燕京岁时记》载：“二月二日，古之中和节也。今人呼为龙抬头。是日食饼者谓之龙鳞饼，食面者谓之龙须面。闺中停止针线，恐伤龙目也。”可见，二月二这天，不仅家家吃饼吃面条，妇女还不能做针线活，怕伤害了龙的眼睛。三月三，古人谓之“上巳”，民间称之“女儿节”。荠菜煮鸡蛋是女儿节中较为典型的食俗，因为人们认为荠菜和鸡蛋都有助产的作用，所以此菜有女子求偶、求育的象征意义。另外，《礼记·月令》注曰：“《诗》‘天命玄鸟，降而生商’，但谓简狄以玄鸟至之时，祈于郊禖而生契。”据说，帝喾的次妃简狄是有戎氏的女儿，与别人外出洗澡时看到一枚鸟蛋，简狄吞下去后，怀孕生下了契，契就是商人的始祖。由此可知，荠菜煮蛋的象征意义源于简狄吞卵受孕的典故。四月八日为浴佛节，其节令食品中，值得一提的是结缘豆，《燕京岁时记》载：“四月八日，都人之好善者，取青黄豆数升，宣佛号而拈之，拈毕煮熟，散之市人，谓之‘结缘豆’，预结来世缘也。”至于七月七日食“巧果”，重阳节食“重阳糕”，诸如此类，还有很多，且各地民间的节令食品多有不同，可谓不胜枚举。但有一点是可以肯定的，年节食品中绝大多数都有不同程度的象征含义，极大地丰富了中国饮食文化的内涵。

（二）喜庆食俗中的象征

喜庆食俗不仅是社会喜庆礼俗的重要组成部分，同时也是中国饮食文化的研究对象之一。喜庆礼俗主要有婚姻生育、生日寿辰、金榜题名、建房造屋、祭谢土神、乔迁之喜等。这些喜庆礼俗都有相

应的饮食习俗。从饮食象征文化的角度考察喜庆食俗，不难看出，无论是社会哪个阶层的人，都非常重视喜庆礼仪，由于喜庆食俗中都有约定俗成的象征意义，所以人们对食俗不仅很重视，而且对食俗也很讲究。

在喜庆礼俗中，婚姻礼俗最重要。婚姻礼俗的议婚、订婚、纳彩、择期、迎亲和回门等各个环节，都有与之对应的食俗。以山西为例，议婚，就是媒人提亲，媒人登门，主人要备酒留饭，一般设四道或八道菜，象征“四平八稳”之意。订婚之时有吃“订婚饭”的习俗，河津民间订婚，男方要蒸“龙凤糕”，摆上柿子、桂圆、石榴等果品，并称之为“柿子好意吊桂圆，朝天石榴配姻缘”，象征内涵，不言而喻。至纳彩之日，男方要判断女方家长对彩礼是否满意，要看女方家长是否肯喝下未来新婿敬的酒。在迎娶之前，男方要送面粉和肉给女家，面粉叫做“离娘面”，肉叫做“离娘肉”。迎亲之日，女家要在嫁妆的洗脸盆里放上一种叫“珠盘”的面食，状如盘龙，上插纸花，象征“珠联璧合”，女儿出嫁前要吃“翻身饼”，意喻姑娘过门后不受婆家气。婚宴间，新人要喝酒，意喻两人恩爱如胶似漆。洞房之夜，新人的被褥里要放上枣、花生、桂圆和莲子，意喻早生贵子。要吃银丝挂面，以象征千丝万缕情意不断，至回门日，新婿要在岳父岳母家吃饺子，饺子里包有辣椒、花椒、鲜姜之类的辛辣之物，旨在一个“乐”(辣)字，除戏要姑爷外，还有喜庆吉祥之意。

生育食俗也颇具象征色彩，民间有“酸儿辣女”之说。在山西，为生儿子，孕妇除不能吃辣之外，还不能吃兔肉、葡萄、马肉、骡肉、生姜等，因为按迷信的说法，吃兔肉，生下的孩子会成豁嘴；吃葡萄会生怪胎；吃马肉会延长孕期；吃骡肉会断子绝孙；吃生姜，生下的孩子会多指。如此多的禁忌，都源于这些食品的形象特征被人们看成是对孕妇和胎儿不吉的象征。至分娩后，妇婿要先去岳父家报喜，带去煮熟的鸡蛋，如鸡蛋是白皮且单数，则表示生男，如鸡蛋为红皮且双数，则表示生女。鸡蛋的颜色和数量已成为生男生女的象征。婴儿出生后，有让婴儿尝“五味”之俗，即盐、醋、糖、黄连和辣椒等，意喻先品味人间的酸甜苦辣。至婴儿过百日时，家中要蒸制“套颈馍”，这种面食，其状如圆圈，可套于婴儿的脖子上，作为拴牢的象征。

“祝寿”食俗早在商周时期即已有之，当时贺天子寿称“祝嘏”，自唐以后，吃面祝寿，渐成风俗。上自天子，下至平民，皆以吃寿面为祝寿仪节中的重要一环。长长的面条，是“寿星”健康长寿的象征。许多地方有为老人摆设寿宴之俗，寿宴谓之“八仙宴”，基本组合为“八大品碗”，另加寿桃一件，意喻老人长寿如仙。山西临汾办寿筵时，桌中央需放大葱一根，大葱上再放一双筷子，以此来象征“添寿”。

至于“金榜题名”一向被人们视为人生“四喜”之一。自隋废九品中正制以来，科举遂兴，至唐，已有进士、秀才、明法、明书、明算诸科，天子亲行殿试，凡中榜者，皆须参加朝廷所设琼林宴，琼者，美玉，以“琼林”命宴之名，象征金榜题名的乃国家栋梁。乡试考中者，州县官吏设“鹿鸣宴”，歌《诗经·小雅·鹿鸣》，表示祝贺。这种“乡饮酒礼”的风俗传到民间，便成了书香门第人家一种特殊的饮食风俗。

建房造屋一向被民间视为家庭兴旺、财源茂盛的重要标志。建造房屋时，亲友工匠前来帮忙，主人备酒食款待，主食一定要有糕。民间有“上梁馍馍压栈糕”之说，因为上梁只是一道工序，压栈乃为竣工庆典，可见糕有“高”的谐音，其地位便远在白面馍馍之上。居民迁居新舍，主食少不了糕点，俗语说：“搬家不吃糕，一年搬九遭。”遇大事，必吃糕。

（三）行业食俗中的象征

行业食俗是中国饮食文化的重要组成部分，也是中国民间食俗的一个类型。在社会分工与行业出现以前，行业食俗是不存在的。行业食俗在其发展的历史进程中逐步形成了重时序、重祈禳、重师制、重禁忌的独特个性。行业食俗主要包括农业、渔业、商业和手工业方面的食俗。

农业食俗与农村食俗是两个联系密切，又有所区别的概念。从历史发展看，农村食俗是中国食俗的主体，而作为一个行业的农业，其食俗又有别于农村的一般食俗，与季节和时序密切相关。旧时农民大都按农忙、农闲来安排饮食，农忙时一日三餐，甚至在三餐之外再加上一餐；农闲时一日两餐。农忙时吃干的，并有荤腥；农闲时喝稀的，多为素食。由此可见，农业食俗的特点比较集中于农忙季节。当然，农业食俗不仅在不同的节令不同，同一节令不同地域的农业食俗也不同。南方的浙江，插秧第一天称为“开秧门”。旧时，这是一年农事的开端，主人要像办喜事一样，以鱼肉款待插秧人员，特别要烧一条黄鱼，以此象征兴旺发达。

渔业食俗集中表现在渔船制造、新船下水、出海捕鱼之前、海上作业等几个场面中。在江苏海州湾，新船下水后，渔船主人一定要置酒席款待全体造船工人，并在酒席间敬请木匠大师傅为船命名。如造船过程中船主人经常做菜汤给船匠吃，大师傅因反感成怨会给这条船起名为“汤瓢”；如船主人常以小乌盆装菜上桌，大师傅则起船名为“小乌盆”；其他如大椒酱、烂切面、小苏瓜、大山芋等船名，也都是这样产生的。船一旦命了名，便终身不变。船主人即使不满意，也不能违规犯忌。所以从船名上就可看出船匠造船过程中的伙食状况。

（四）少数民族食俗中的象征

中国是个多民族的国家，各民族由于所处的社会历史发展阶段不同，居住的地区不同，饮食习俗中所体现出的象征意义与内涵便有着明显的差异。五色糯米饭是布依族、壮族等许多少数民族的传统风味小吃。因糯米饭一般呈黑、红、黄、白、紫五种色彩而得名。每年农历三月初三或清明节，广西各族人民普遍制作五色糯米饭。壮族人十分喜爱五色糯米饭，把它看作吉祥如意、五谷丰登的象征。五色糯米饭五彩缤纷，鲜艳诱人。天然色素对人体有益无害，各有清香，别有风味。五色糯米饭色、香、味俱佳，还有滋补、健身、医疗、美容等作用。搭配五花粉蒸肉味道更是不可言喻。春节时壮族人则有两种特殊食品：团结圆和壮粽。团结圆是用猪肉泥加上豆腐、鱼、虾等及调味品搅成馅料，做成丸子，油炸而成，其外形似元宵，因象征团圆和美，故称为团结圆，当地俗语道：“过年不吃团结圆，喝酒嚼肉也不甜。”可见在当地人心目中，团结圆的象征意义很重要。在广西宁明县，春节时做的壮粽足有八仙桌大，以芭蕉叶包成，内放一条剔去骨头的腌猪腿，泡入水缸，盖严缸口，连煮七天七夜，粽子方熟。春节时，壮家人抬着大粽子游街祭祖。然后同族人分食之，以象征大家同心同德、和睦亲密。“三月三，吃乌饭。”民间流传唐代畲族英雄雷万兴领畲民与敌兵交战时，敌人常来抢米饭，雷万兴命畲民用乌饭树叶汁将米饭染黑，敌人怕中毒，不敢问津，畲民便安稳把米饭送上山。第二年三月初三义军一鼓作气，合理突围，大获全胜，后来畲民为纪念胜利，在每年的三月初三这一天，家家户户采乌饭树叶做乌米饭。后来，人们发现，乌米饭这道美食有补益脾肾，止咳，安神，明目，乌发等功效，做乌米饭的习俗也就流传得更广。满族大年三十的年夜饭一不可有鸡，二不可有蛋，因为鸡谐音“饥”，含饥荒之义，蛋谐音孩子调皮捣蛋。云南藏族除夕家家吃“古突”（类似于饺子），是用牛羊肉、面团及其他佐料制成的。在制古突时，要用四块面团分别包进羊毛、辣椒、瓷块和木炭。每一种东西各有不同的寓意，吃到包羊毛的古突，表示你心地善良；吃到包辣椒的，表示你嘴厉害；吃到包瓷块的，表示你心肠硬；吃到包木炭的，表示你心黑。人们吃后即席吐出，引起哄堂大笑，使节日的气氛更

浓。合菜俗称“团年菜”是土家族人过年时，家家必制的民族传统菜。其制作方法是：将萝卜、豆腐、洋芋、白菜、大蒜、猪肉煮成一鼎锅，合家团年吃。“合菜”象征着五谷丰登、全家团聚。合菜由于各种菜肴聚集炖煮一锅，滋味互相渗透，吃起来鲜美可口。

四、中国烹饪象征文化的基本特征

烹饪饮食作为人们日常生活中的重要活动，除了满足人们的生理需求外，还具有多种不同的社会功能，如在宗教祭祀活动中作为供品献神，以表达祈祷或报答之情，在人际交往过程中充当着沟通人与人之间关系的媒介角色，在婚丧嫁娶和节日庆典中被人们赋予深刻而复杂的含义。这说明，烹饪饮食象征文化是人们在特定时间和场合对饮食活动本身进行思维和想象的必然结果，其特定含义又是通过象征符号来实现的。这就使中国饮食象征文化出现了一系列独具民族个性的基本特征。

（一）引发联想和蕴藏寓意的食物特征

饮食象征符号，是指人们运用象征思维，对食物的某种特征进行类比，并赋予这种食物以特定的观念意识，从而使之在一定的环境和条件下形成约定俗成的象征意义。中国食俗中最为突出的是根据食物特定名称的语音与意指对象之间的相似性来进行类比的谐音关系法。如春节吃鱼象征年年有余，拜年送橘子象征大吉大利，吃芹菜象征勤快，吃葱表示聪明。实际上，饮食象征符号的表现形态要比这些复杂得多，食物的形状、色彩、数量、味感、特性乃至于原料种类都可以在一定条件或环境下形成饮食象征符号。

食物本身最具有可视性的要素就是食物的形状，从人们运用象征形象思维进行类比之规律的角度看。以食物形状来类比某些特定事物和观念分别有原生形与人工形两种。以食物的原生形状进行类比推理，是因其与人们意识中的某些特定事物有一定类似之处，如鸡蛋，其状如男性睾丸，故以送红蛋寓意生子。经烹饪制作而成的食品，其形状类比性则更为普遍。如面条呈长条形，饺子呈月牙形，月饼呈圆形，人们在制作它们时，就是要通过其特殊的造型来象征长寿、财富和团圆，从而艺术化地表达美好愿望。

食物的色彩也可构成食物象征符号在外部形态上的一种可视特征。食物的不同色彩经过人们运用象征思维进行类比推理，从而产生出以食物色彩为依据的各种象征意义。食物的色彩也分原生与人工两种，原生色彩即不经任何烹调技术处理的纯自然颜色，以此类比某些特定的事物。如蒙古族、哈萨克族等游牧民族，以乳白色作为纯洁、吉祥和高尚的象征。人工色彩是人们对原料进行烹调处理后而生成的具有一定象征意义的颜色，如山西有的地方，孩子过完一周岁后，通常要喝用小米、黄米、豇豆、莲子加碱熬制成的红色稀粥，以纪念母亲生育时的“红”。在山东郯城，用染成朱红色鸡蛋表示生男，以染成桃红色鸡蛋表示生女，以深浅不同的红色鸡蛋象征不同性别的小孩。

在一定条件下，食物的数量组合关系也可以构成饮食象征符号。不同社会与民族，在长期历史发展中，对各自食物数量组合关系形成了相对独立的偏好与倾向。有的民族以双数搭配的食物送礼或款待客人，这早已被该民族普遍认为是吉利的象征，如白族以“6”为吉数，节日或喜庆用来送礼的食物数量必须是 6。浙江汉族吃的年夜饭要用 10 碗菜，称十大碗，讨十全大福之彩。许多地方的汉族婚宴上，一对新人要喝双杯酒，以表成双成对，白头到老。但有的民族在食物数量组合中禁忌偶数，崇尚奇数，如苗族女孩出嫁时送予男方的礼物是单数。在汉族传统中，人们在婚丧嫁娶等仪式活动中所用的食物数量往往因时因事不同而呈现出一定的差异性，以双数或单数组合的食物可能分别象征不同的事物和观念。东北人平时款待客人吃饭时，菜必双数；但父母去世时款待送葬的客人，则菜必单数。在河南开封，生男送蛋必双，生女送蛋必单。

味感，在特殊情况下，也能构成饮食象征艺术符号，人们也可把食物所具有的滋味用来类比人生历程和生活实践中出现的某些特定现象。如白族三道茶，以一苦二甜三回味艺术地隐含着人生道路

上先苦后甜的象征意义;在台湾民间,女孩出嫁前,男方要在盘中放两个蜜橘,送到花轿中让新娘摸,以此象征一对新人像蜜橘一样过着甜蜜的家庭生活。

此外,还有诸如通过食物特性及动物性原料品种构成的饮食象征符号。食物的特性主要是指食物的冷热、软硬、干湿等状态,这种状态经过人们的想象,往往被用来类比某些与之相似的事物或观念,这在饮食象征符号的内在属性中也是被运用较多的一种手法。如汉族在寒食节盛行禁火并吃冷食,以表怀古之情。侗族人除夕时全家吃稀粥,每人一小碗,称为"年更饭",以象征来年耕田水足,泥土不硬,稻苗茁壮,粮食丰收。另外就是动物性原料品种在生长发育和生存环境中养成的某些能力与习性,这些具体属性经过人们的想象往往用来类比个体在生长发育过程中可能形成的体质特征和适应力、习性等,进而构成饮食象征符号。如福建客家人盖房上梁宴请时必吃公鸡,认为公鸡有报晓和报喜之能,宰吃公鸡意味着前途如朝阳一样光明,福寿临门。阿昌族给孩子开荤时最忌用猪肉,认为猪最蠢笨。汉族、壮族和土家族最忌小孩吃鸡爪,认为小孩食之则上学写字时手会像鸡爪一样颤抖。

(二)人生理想目标构成象征的基本内容

在中国烹饪饮食象征文化中,主体对人生理想目标的追求构成了最重要、最基本的内容,其中包括爱情、生育、家庭、财富、人生、智慧、长寿等诸多方面。这些内容集中体现了中华民族自强不息、勇于进取的精神力量和人格特征,是中国传统文化在人们烹饪饮食活动中的反映。

不孝有三,无后为大。就生育内容而言,早生贵子与多子多福的生育观念曾是数千年来普遍存在于中国人头脑中的价值取向,宗族的延续是中国人家庭生活幸福的标志,断子绝孙则是家庭衰败的象征,被人们视为最大耻辱。为增强妇女的生子能力,中国传统社会的人们制定并履行过各种祈求子嗣的仪式活动,其中以特定食物来象征生育和祈子的现象最为普遍。自宋以来,盛行于妇女生育前后通过赠送鸡蛋以求子的风俗一直延续到近现代,成为一种象征生育的最为普遍的仪式活动。如浙江绍兴一带的孕妇在分娩前,由女方家用红绸布包裹着红蛋送至女儿床上后,马上让红蛋滚出来,以此祈求女儿顺产。江苏徐州一带女方陪嫁的马桶里必放鸡蛋,象征日后生育如母鸡一样不会有麻烦。除鸡蛋以外,还有如瓜、枣、花生、桂圆、栗子、荔枝、莲子和石榴等也被人们赋予与鸡蛋类似的具有生子和顺产的象征意义。《诗经・大雅・绵》中有"绵绵瓜瓞,民之初生"之句,象征周人如瓜瓞结在藤蔓上世代绵延,生生不息。流行于全国各地的撒帐婚姻习俗是,新婚之夜新人对拜坐床后,众妇人向床帐内撒同心金钱、五色彩果,以祈富贵吉祥,多生贵子。此俗起源于汉朝。《事物原始》说:"李夫人初至,帝迎入帐中共坐,欢饮之后,预戒宫人遥撒五色同心花果,帝与夫人以衣裾盛之,云得果多,得子多也。"将五色果撒向帐中,帐中的汉武帝与夫人以衣裾接往怀中,其意义在于感应五色果的生殖力量,以早生贵子。

生育,在传统社会的人们看来非同小可,且在饮食象征文化中有着充分的体现。面食中有不少品种就具有生育象征意义,如饺子、面条等。在北方婚礼中盛行新人吃饺子的习俗,所采用的类比方法是将水饺煮至半生不熟,通过新人应答"生",以求其谐音生子之"生",使其产生促进生育的作用。与之类似,江苏徐州地区办婚宴时要给新娘吃一碗半生不熟的面条,以此问新娘生否,新娘必答"生",以寓日后能生育小孩。另外,果品中的石榴则因多籽实而有了象征生育的意义。据《北史・魏收传》载:"安德王延宗纳赵郡李祖收女为妃,后帝幸李宅宴,而妃母宋氏荐二石榴于帝前。问诸人,莫知其意,帝投之。收曰:'石榴房中多子,王新婚,妃母欲子孙众多。'帝大喜,诏收:'卿还将来。'仍赐收美锦二匹。"北齐的安德王高延宗纳李祖收的女儿为妃,有一天,北齐的文宣帝高洋到李祖收的宅第饮宴,妃母宋氏献给文宣帝两枚石榴,帝不知何意,随驾的著名文学家魏收回答说:"石榴里面多籽,安德王新婚,妃母想让他们子孙众多,因此才向皇上敬献石榴。"文宣帝一听大喜,立刻赐魏收两匹美锦。后世以石榴祝福多子便成为习俗。民间婚嫁之时,常在新房的案头或其他地方放上切开果皮、露出浆果的石榴,也有以石榴互相赠送祝福的。

爱情与婚姻是人类永恒的主题。在中国传统社会中，爱情与理想婚姻通常表现为青年男女双方感情纯洁真挚以及夫妻和睦恩爱、忠贞不渝。这种美好理想经过人们运用象征艺术思维进行类比推理，使之在许多特定的饮食象征艺术符号中显现出来。其中新婚夫妇在婚礼仪式上的共饮共食行为就是人们用来象征男女结合和夫妻恩爱的典型表现形式，这种象征寓意起源于古代婚礼中的同牢合卺。当时人们用于献祭的猪肉和猪肺往往被新婚男女所共食。此俗一直到现在还可于众多华夏民族中看到历史踪迹。如福建闽南人新郎新娘在婚礼中要吃一个猪心，意求夫妻同心。赫哲族新郎要吃猪头肉，新娘要吃猪尾巴，以示有头有尾，永不分离。新婚夫妻共食的另一类象征食物是饭食。陕西武功一带新婚男女在新婚次日早餐时，第一碗饭盛上来，二人各吃一口，称为“和气饭”。广西瑶族新婚之日新郎新娘要坐在一处吃“交心饭”。汉族人婚礼上普遍有一对新人饮交杯酒的习俗。朝鲜族新婚夫妇要喝三杯酒，头一杯和第二杯各自独饮，第三杯要互相交换，而且要一饮而尽。如此等等，不一而足。

家庭的团圆、和睦与幸福一直是人类美好理想生活的目标和追求，人们也由此而形成了许多象征团圆、和睦与幸福的饮食文化现象。在象征家庭团圆的各类吉祥食品中最具有代表性的是中秋月饼。明代田汝成在《西湖游览志余》中说：“八月十五谓之‘中秋’，民间以月饼相馈，取团圆之义。”而仅次于中秋月饼的是元宵或冬至汤圆。宋代诗人周必大《元宵煮浮圆子》中有“今夕知何夕？团圆事事同”的诗句，表明当时的人们已用元宵汤圆来象征团圆。除月饼、元宵以外，中国人还盛行除夕吃年夜饭，以此象征家庭团圆和睦，这顿年夜饭非同寻常，家庭的所有成员都必须参加，无故不参加者，往往被视为忘本，有失家长的脸面。

在中国传统社会中，对财富的奢望是任何一个阶层的人们所普遍具有的一种心理定势，由此也产生了许多象征财富的饮食文化现象。除年夜饭必上一道鱼菜，意取年年有余，还在某些菜点中表示对黄金和白银的追逐。如：浙江一带除夕吃的春饼裹肉丝，谓之“银包金丝”；山西有些地方在农历二月二的早晨煮鸡蛋吃，名曰“咬金咬银”；饮誉世界的扬州蛋炒饭又称“碎金炒饭”，其中还分“金裹银”和“银裹金”两类；陕南一带正月初一早饭吃形如饺子的“元宝”，取全家进宝之意。诸如此类，不胜枚举。中国自古以农立国，农业的丰歉从某种意义上来说直接影响着人们的经济生活，所以除金银财宝之外，以五谷为代表的粮食也是人们竭力渴望获取的重要财富。五谷满仓已成为传统社会人们富足的标志。清代北京正月二十五日为填仓节，届时人们购买牛羊猪肉，整天吃喝，客人来时必使其尽饱而归，名曰填仓，用饱餐的形式来象征五谷满仓。山东滕州除夕吃剩的年夜饭放于仓囤之中，取意“仓仓皆满，囤囤有余”之意。安徽广大农村除夕吃的年夜饭菜肴极其丰盛，人们必须将桌上菜肴全部吃遍，且剩余的菜肴要够吃多顿，当地有“年下剩饭有几盆，来年陈粮换金银”之俗，即通过剩年夜饭象征粮食年年有余。

中国传统社会以官为贵的人生价值取向在烹饪饮食活动中也有所表现。如河南人宴客，席上必有一道糖醋熘鲤鱼，取意“鱼跃龙门”这一表现仕途得意的神话。据《清稗类钞》载，清代有的地方盛行婚嫁过程中进三元汤，以肉圆、虾圆和鱼圆，代指科举中的乡试解元、会试会元、殿试状元。现在，还有许多家长为高考中榜的学子办宴庆贺，谓之“状元宴”。

健康与长寿意识在人们的传统价值取向中也占有重要地位。某些特定的饮食象征符号就反映了人们对健康的追求，如广东民间认为，中秋田螺，可以明目，且此时最肥美。中秋当晚一家人聚在一起，拿着田螺，对月一举，再送到嘴边一啜，就是“对月啜螺肉，越啜眼越明”。这是因为田螺肉表面明亮有纹，酷似人的眼睛，故期望食之以起到明目的效果。浙江一些地方立夏盛行吃竹笋，谓之“健脚笋”，以求强筋壮骨，《中华全国风俗志》记此俗云，“立夏时之笋，亦一种时鲜食品。食时，去其外箨，煮熟后加酱油、麻油，味甚鲜美。俗传立夏时食笋可以健脚，故名健脚笋”。面条是常见的祈寿食品中的一种，在人们的想象中，自身的生命也应如面条一样绵长。所以，生日或祝寿时必上一碗面条。另外，桃、糕、馍、饺、龟等也因其特征和谐音而被人们赋予了长寿的象征意义，进而成为中国饮食象征艺术的表现形态之一。

（三）烹饪饮食象征文化的四大社会功能

传递信息，是中国烹饪饮食象征文化的第一大社会功能，它是在人际交往活动中，以特定的食物和饮食活动为媒介，把人的观念意识和心理状态艺术地表达出来，使信息的传递者和接受者双方在一种非语言形式的交流中领悟到相互之间的思想与情感，从而使信息的传递者和接受者双方据此对某些不确定性的人和事做出合适的选择。这一点在青年男女要确立恋爱关系时表现得尤为突出，因为这种信息传达方式最适于表达即将进入恋爱角色的青年男女内心深处最为隐秘的思想情感。在许多地方风俗中，具有黏性的糯米饭、年糕以及具有甜味的水果等最为普遍地成为青年男女表达爱情的媒介或信物，如侗族糯米饭被喻为爱情的象征，人们常用"糯米饭能捏成团"来比喻爱情的忠贞不渝。满族人在情歌中常借助年糕来抒发对恋人的爱慕之情，如"黄米糕，黏又黏，红芸豆，撒上面，格格做的定情饭，双手捧在我跟前。吃下红豆定心丸，再吃米糕更觉黏。越黏越觉心不散，你心我心黏一团"。而以某些具有象征意义的水果作为传情表意的媒介，古代即已有之，如《卫风·木瓜》说："投我以木瓜，报之以琼琚。匪报也，永以为好也！"在用水果进行传情媒介的交往方式中，槟榔这种亚热带棕榈科植物的果实具有一定的代表性，中国傣族、黎族、壮族、基诺族、拉祜族等都有以互赠槟榔作为表达爱情的风俗。黎族情歌唱道："口嚼槟榔又唱歌，嘴唇红红见情哥。哥吃槟榔妹送灰，有心交情不用媒。"此外，还有用茶、酒、蛋等作为传递爱情信息的象征符号。如湖南苗族用万花茶表达少男少女间的爱情。小伙子上门求婚，如姑娘中意，她捧给小伙子的茶杯里就放有四片透明如玉的万花茶，两朵"凤凰齐翔"，两朵"并蒂莲花"。若姑娘不答应，那杯中只有三朵万花茶，象征单花独鸟，求婚者只好知趣地辞谢而去。万花茶晶莹透亮，是苗家人敬客的上乘饮料。这种茶的制作十分独特，其程序是：把成熟的冬瓜与未老的柚子皮，切成手指模样大小、形状各异的片片条条，接着在上面加工，雕刻出花色多样、形象靓丽、栩栩如生的虫、鱼、鸟、兽、花草等吉祥如意的图案。云南彝族男方向女方示爱，需以敬松毛酒（一种白酒）作为求婚的表示，一边敬酒一边唱道："只要郎儿合妹意，就请吃口松毛酒。"广西壮族青年男女选择恋爱对象时有碰蛋之俗。当小伙子握着红蛋去碰姑娘手中的蛋时，如果姑娘不中意，就会把蛋整个握住，不让碰破，小伙子只好怏怏而去。

教育，是中国烹饪饮食象征文化的第二大社会功能。把一些具有特色的岁时节日食品与伟大历史人物联系起来，就会产生一定的象征意义和教育意义。如端午节吃粽子纪念屈原，寒食节禁火吃冷食纪念介子推，春节吃年糕纪念伍子胥，河南一些地方六月六吃炒面纪念岳飞，满族人吃黏豆包纪念努尔哈赤，江苏泰兴黄桥吃烧饼纪念新四军，如此等等，反映了民众特定的英雄崇拜观念，具有教育启发后人的社会作用。

调整人际关系，是中国烹饪饮食象征文化的第三大社会功能。中国各民族在长期的历史发展中，都形成了自己独特的热情待客的饮食礼俗，这些礼俗包含着丰富的象征意义，为增进主客间的友谊起着重要的作用。以饮酒为例，汉族人自古即有以敬酒方式表达感情的礼俗。水族人待客要饮肝胆酒，即把猪肝胆汁注入酒中，由主人与客人联臂交杯，象征肝胆相照，相待以诚。在建立同盟关系的过程中，双方代表间的歃血或喝血酒仪式是沟通两个不同社会集团内在联系的重要媒介，这种饮食象征早在周代即已有之，至春秋战国，因诸侯间战事频繁，故歃血结盟现象很普遍。

体现地位身份，是中国烹饪饮食象征文化的第四大社会功能。在中国传统社会中，人们往往会通过一定的饮食象征符号在规格、档次和行为举止的差异上直观地辨别人的身份和地位。某些特定食物和饮食器具在数量或形制的组合关系通常能起到明显的标识作用。古文献对此多有阐述，如以用器而论："天子之豆二十有六，诸公十有六，诸侯十有二，上大夫八，下大夫六。""天子之席五重，诸侯之席三重，大夫再重。""贵者献以爵，贱者献以散；尊者举觯，卑者举角。"除食物和饮食器具在数量上的差异外，不同等级阶层的人在享受食品的质量上也有明显不同，如"诸侯无故不杀牛，大夫无故不杀羊，士无故不杀豕，庶人无故不食珍，庶羞不逾牲。"在中国古代宫廷举办的各种宴会中，不同等级的人在进餐或饮酒的行为举止上都有特定的、必须遵循的礼仪规范。其中，宴饮的座次安排就有

一定的礼数，小卿次于上卿，大夫次于小卿，士和庶子依次往下排，形成一种令不同等级身份的人共同认可的进餐就座模式。在这种象征性的饮食行为中，人们关注的不是食物的品种与质量，而是什么角色的人以何种顺序在何处进食。

综上所述，中国烹饪饮食象征是一种综合的文化表现，它不仅反映着人的本能、固有的心理活动，而且它所表示的事物具有内在一致性，当人们通过联想寻找到另一层意思时，象征对象与象征本义因此而形成契合，使人们从中获得心理的愉悦感，人们的饮食活动也因此而变得内涵丰富，趣味横生。这正是中国烹饪饮食文化博大深厚的一个重要因素。

习题

1. 中国烹饪的基本特征是什么？
2. “中和”源于哪种学派的思想？
3. 《随园食单・调剂须知》提出的调剂规律有哪些？
4. 《随园食单・疑似须知》提出的对味之审美标准是什么？
5. “食无定味，适口者珍”是谁提出的？
6. 列举体现菜肴原料、颜色、香型、味型、形状、工艺、口感、烹器、食具的菜名。
7. 列举体现浓郁文化气息的菜名。
8. 简述如何根据菜肴的造型、用料、色彩、风味、筵宴主题选择器皿。
9. 在中国传统宗教祭祀活动中，祭品的生熟程度用来意喻什么？
10. 中国人年夜饭中的鱼象征什么？
11. 古代殿试中榜者皆须参加朝廷所设的什么宴席？宴席名象征了什么？
12. 简述中国烹饪象征文化的基本特征。

参考文献

[1] 袁世硕.孔尚任年谱[M].济南:齐鲁书社,1987.

[2] 马健鹰.中国饮食文化史[M].上海:复旦大学出版社,2011.